天下文化

BELIEVE IN READING

AI行銷學

為顧客量身訂做的全通路轉型策略

MAKE IT ALL ABOUT ME

Leveraging Omnichannel and AI for Marketing Success

Rasmus Houlind　Colin Shearer
拉斯穆斯．賀林　科林．謝爾 著

李芳齡 譯

目次

各界推薦

對於如何使用資料、進行資料分析，以及利用客製化工具來為顧客及公司營運績效創造價值，本書提供充分而務實的建議與構想，你應該仔細閱讀，因為每一節、每一段都為求知若渴的數位行銷人員提供全新的洞察！

——唐·裴伯斯（Don Peppers），

暢銷書作家與顧客體驗專家

針對全通路行銷最重要面向，本書有完整而精闢的指南，書中提供全面、有條不紊的方法，既可讓剛跨足數位及電子商務領域者參考，又可作為資深行銷人員實用的教科書。

——安利奎·維瓦斯·蓋維諾（Enrique Vivas Gaviño），

沃達豐集團（Vodafone）商務長

不論是純數位事業或純實體事業的行銷人員，本書都是朝正確方向發展的重要資源，它教導你以最務實的方法在全通路世界獲得最佳成果，它也是數位行銷課程學生的優異教科書。

——默林·史東（Merlin Stone），

聖瑪麗大學（St. Mary's University）行銷與策略學教授

詳盡的指南，教導你在價值與信賴最為重要的年代，打造使顧客毫不費力的顧客旅程。

——潔瑪・巴特勒（Gemma Butler），
英國皇家特許行銷學會（Chartered Institute of Marketing）
行銷長

拉斯穆斯和科林大力倡導可靠的數位轉型，他們把多年的經驗轉化成這本實用的指南，書中提供的穩健方法及基準比較工具，能讓你在讀完書後更明智的執行全通路行銷轉型。

——大衛・丹尼爾斯（David Daniels），
瑞文斯集團（The Relevancy Group）執行長暨創辦人、
《行銷人季刊》（*The Marketer Quarterly*）發行人暨創辦人

如果你相信資料是新石油，但也體認到把資料提煉成全通路轉型的燃料並不是容易的事，那就需要閱讀這本書。本書充滿啟發人心的例子，是指引你運用戰術與工具來打造真正全通路事業的教科書。

——柏倫・史金格（Berend Sikkenga），
樂高公司電子商務主管、多本數位行銷教科書作者

對於尋求在未來實行有效成長策略的公司執行長及行銷人員來說，本書是必讀之作。了解全通路模型、因應消費者行為演變，以及能夠應用人工智慧，都是吸引及維繫忠誠顧客的必備

要素。書中的概念與指引結合起來，可以提供未來打造成功行銷方案的實用指南。

——丹・克萊恩（Dan Klein），
賢吉行銷顧問公司（Sage Marketing）執行長

很少有作者能為整個行銷界提供如此全面具體的建議，拉斯穆斯和科林在這本書中做到了。你可以把它當成一本實作指南，也可以用它來指引你聚焦在你的努力與行動上，以達成更好的成果。

——大衛・安德列達吉斯（David Andreadakis），
柯比行銷公司（Kobie Marketing）策略長

作者序

本書與全通路六邊形模型（Omnichannel Hexagon）的構想最早浮現於2015年，那時我首次出版丹麥語著作《若是為我量身打造，我就買！》（*Hvis det handler om mig, så køber jeg!*）。撰寫那本書時，我是行銷集團安索帕旗下丹麥行銷公司麥尼提（Magnetix Linked by Isobar）的策略總監，覺得有必要迅速了解數位通訊、客製化和大數據等種種雜亂資訊，而且要大肆宣傳。

然而，我很快就發現「全通路」（omnichannel）對我而言是個太過廣大的主題，我無法獨力處理。全通路指的是公司所有行銷努力全都放在一件事上：使用所有能想到的溝通和銷售管道來和顧客互動。因此，我展開周詳的研究過程，邀請行銷、數位與資料科學等領域的主管參與圓桌會議及訪談，之後，我漸漸釐清並構思出「全通路六邊形模型」。

在研究過程中，我清楚認知到，需要有一個務實的全通路方法，讓組織中各部門的人能在沒有誤解的情況下，很容易討論全通路。因此，當我有機會利用丹麥商會（Danish Chamber of Commerce）及網路商業倡議組織（Networked Business Initiative）的知識與技術，把全通路六邊形成熟度模型（Omnichannel Hexagon maturity model）延伸成一個線上基準比較工具時，我明顯感覺到有個重大而有意義的東西出現了，不過，當時我並不知道這會導引我到什麼地方。

我的第一本書在北歐公司及行銷組織圈引起廣大迴響，銷售量不錯，演講及顧問邀請函紛沓而來，我在北歐及英國也進行上百場演講。

看到這個模型和線上基準比較工具被大家使用，還有世界各地和組織各部門的人對於這個模型的化繁為簡提供迴響之後，我清楚的認知到，這個模型具有推廣至北歐以外地區的潛力。因此，我開始修改這個模型，調整第一本著作的內容，以適用於更廣泛的地區，也更貼近近幾年的發展。

AI可幫助企業轉型

2015年出版第一本書至今發生很多變化。當時，北歐只有最大型、最富雄心的公司使用預測性分析（predictive analytics），但2017年時，我們看到人工智慧的興起，現在，「AI」已經成為最夯的名詞。這證明資料分析已經達到新的成熟水準，而愈來愈多組織已經看出，有條理且富有雄心的資料分析有潛力帶來轉型效益。

我在2016年結識科林．謝爾（Colin Shearer）。在我讀小學一年級時，他已經取得人工智慧學士學位，後來創業，開發出市場先驅的預測分析軟體，名為「克萊曼丁資料探勘系統」(Clementine Data Mining System),也就是現在大家熟知的IBM SPSS Modeler。任職IBM並負責SPSS項目期間,科林和許多大型國際公司共事,幫助它們研擬自己的人工智慧及預測性分析策略。有誰比他更適合加入我的行列,指引讀者探索神奇的人工智慧應用呢?

在行銷領域,數據應用的根本基礎也發生巨變。歐盟制定「一般資料保護規範」(General Data Protection Regulation,簡稱GDPR),目的是要保護消費者的個資,對組織蒐集和處理消費者資料的行為加諸限制,但諷刺的是,這套法規也使行銷部門更容易取得及使用通過稽核流程的資料。「一般資料保護規範」強迫所有組織的IT部門必須控管及保護顧客資料,但在開放原則下,讓消費者可以取得自己的資料,也讓行銷部門可以在規範原則下取用這些資料。這麼一來,以往行銷部門必須看IT部門臉色的情形不復存在,行銷部門和IT部門變得比以往更密切合作。

公司的管理高層和高階經理人也更廣泛接受以顧客為中心的全通路模型來作為有利可圖的商業模式,於是,遍及所有溝通及銷售管道的大規模客製化專案也更容易獲得公司高層的支持。倡導全通路模型的工作變得比以往更為容易,公司成功從全通路方法獲益的實際案例愈來愈多,研究全通路方法的價值的文獻也愈來愈多。

因此,我大幅修改第一本書,模型的核心大致相同,但徹底改寫。線上基準比較工具也改變很多,包括更新疑問、增加脈絡，協助回答疑問並解釋這些答案，藉此幫助詢問者建立正確的未來方向，朝成功的全通路與AI行銷邁進。

我衷心希望，你覺得這本書和線上基準比較工具既實用又有趣。

拉斯穆斯・賀林（Rasmus Houlind）

前言

朝全通路轉型的六項修練

黛比為了下週六克莉絲汀的生日宴會要穿什麼衣服傷腦筋，她拿出手機，打開Instagram，看到諾斯壯百貨公司（Nordstrom）有位新造型師推出的一個造型很棒，照片裡的漂亮女孩穿著裙子、襯衫、搭配一條皮帶。她點擊這張照片，連結至諾斯壯百貨公司網站的產品網頁，下載應用程式後註冊。

黛比決定試試這三件單品，於是把它們放入「追蹤清單」，點擊「預留商品」。她以前沒試過這項服務，不知道接下來會發生什麼事。隨後傳來一則確認訊息，向她承諾，有個銷售人員會在兩小時內備妥這些商品。

半小時後，她收到一則諾斯壯百貨公司的通知，告知商品已經送達當地的分店，等著她去試穿。當她走進百貨公司時，她再次收到諾斯壯的訊息，仔細指示她到哪裡取得這些保留的商品。不過她試穿之後不太滿意，因此她還是得為下週六宴會的服裝大傷腦筋。

幾天後，她在應用程式上收到一則通知，鼓勵她試用諾斯壯新推出的「造型版」（Style Board）服務，她只需要回答幾個跟穿衣風格及喜好有關的問題，就會有造型師提供服飾及搭配建議。這看起來似乎比較像是有位私人採購專家，而非許下什麼承諾。週六的宴會快到了，她必須盡快打定主意。

當天稍晚，諾斯壯通知她，她的造型師已經為她量身打造出一個造型。在應用程式上看到這個造型時，黛比感覺相當驚豔，真是非常棒的建議。由於她已經有一件可以和造型師建議的襯衫搭配的裙子，而且她熟悉這個品牌的商品尺寸，她當下就決定購買那件襯衫，並立刻前去取貨。她甚至不需要進到百貨公司，服務人員就把那件襯衫拿出來給在車裡等候的她。週六宴會的服裝問題解決了，她未來一定還會再光顧！

量身訂做服務的競爭力

前面黛比的故事是虛構的，但並非不能實現。諾斯壯是世界上技術最先進的百貨公司之一，實行的技術已經可以支援這個小故事中所有的情境。[1]除此之外，諾斯壯還在全通路策略上大舉投資，包括先進的供應鏈優化；需要較少實體商店空間的新型商店，稱為「諾斯壯社區商店」（Nordstrom Local）；把資料分析轉化成大規模量身訂做的資訊，並持續訓練員工使用這些技術來「幫助顧客展現他們的風格」。諾斯壯想要藉著結合實體與數位領域購物的最佳體驗來追求成功，目標是要成為最好的時裝零售商。就像這本書的副書名提到的，他們完全為顧客量身訂做。

諾斯壯在2018年7月的「投資人日」（investor day）表示，使用諾斯壯數位服務的顧客，例如使用「店內預留商品」（reserve in-store）、「網路下單，門市取貨」（click'n'collect）、「造型版」及造型師的顧客，消費金額是一般顧客的二到五倍。[2]《哈佛商業評論》（*Harvard Business Review*）2017年刊登的一篇研究報告也佐證這個趨勢，那份研究指出，全通路顧客第一次購物的消費金額比一般顧客多出4%到10%，一年內的回購金額多出23%。[3]

在更廣泛的層面上，波士頓顧問公司（Boston Consulting Group）的研究報告指出，提供量身訂做服務的領先公司比一般公司的成長快上二到三倍：

> 接下來五年，光是在零售、健康照護與金融服務這三個產業，量身訂做服務所帶來的8000億美元左右的營收，會落入做出正確轉型的15%公司口袋。[4]

波士頓顧問公司繼續說明它對於這條成功途徑的看法：

在位者若想捍衛及擴張市場占有率，就必須重新想像事業該如何轉型為以客製化價值主張為核心，結合實體和數位體驗來加深和顧客的連結。它們必須把品牌的客製化擺在策略計畫的首要位置，藉此影響所做的每一件事，包括行銷、營運、商品銷售規劃與產品發展。[5]

投資在全通路策略的零售商並非只有諾斯壯。提供全通路零售管理系統與服務的明珠公司（Brightpearl）在2017年下半年做的一項調查〈全通路零售現況〉（The State of Omnichannel Retail）提到，在接受調查的零售業者中，有高達91%已經有一個全通路策略或投資計畫，其中87%的零售商贊同全通路對它們至為關鍵或十分重要。[6]然而，只有8%的零售商表明自己很擅長採用全通路策略，因此我們說，零售業者在全通路策略上有相當大的執行落差！

亞馬遜和阿里巴巴等國際純電子商務巨人對零售業者帶來極大的生存競爭壓力。亞馬遜已經是電子商務領域的最大玩家，提供非常出色而便利的服務。東方國家則有京東商城及阿里巴巴，它們有中國政府的支援，以及價格低廉的商品。

現在的消費者不會去區分電子商務和實體商務，他們也不在乎購買的產品是否出自本地公司，你甚至無法確定他們有沒有注意這些。他們期望的是在數位銷售和實體銷售間，以及在各種溝通管道間切換時的無縫接軌體驗，當公司未顧及顧客與公司的往來交易史，將不適當的產品推薦資訊傳送給他們時，他們就會很惱火。

消費者願意為了便利與財務效益捨棄個人資料和一定程度的隱私，這就是機會所在。公司應該把握這個機會。首先是建立忠實顧客群，讓公司得以蒐集和處理資料，接著公司可以控管資料使用方式，以創造更好、更適當、更迎合顧客的體驗，包括在線上通路及實體商店，以及顧客自動上門和公司主動接觸顧客的時候。

但這都需要公司做出徹底轉型，這種轉型涉及商業模式、組織與技術，這就是本書要探討的內容。

關於本書

這本書要探討如何運用全通路及人工智慧來讓行銷和事業成功，我們相信公司的行銷長能夠勝任這項工作，領導組織推動必要的全通路轉型，因此，行銷和事業的成功息息相關。

根據我們在這個領域的經驗、來自產業界上百位專家的意見，以及最新的報導和文獻，我們發展出「全通路六邊形模型」作為評估全通路行銷成熟度的模型。全通路六邊形模型提供一套架構來讓你的行銷工作達成目標，確保你採行的每個舉動更能在不犧牲毛利的情況下持續改善顧客體驗。

本書提出六項修練，說明如何更加以顧客為中心的態度來運用它們。你能綜觀組織在全通路策略上的進展，以及有哪些阻礙可能妨礙你推動全通路策略。

你可以評估公司屬於四種全通路策略成熟度類型中的哪個類型，這能幫助你研擬推動中的策略。此外，這個模型可以成為一種測試，評估你是否應該安排新計畫，並且應該把哪些因素納入考量，好讓組織更能提供最佳、最有利的顧客體驗。

本書的每一章都會探討全通路六邊形模型的一項修練，介紹每一項修練的核心課題，目的是針對這些課題與修練間的關係，以及最佳和最有利的顧客體驗間的關係提供看法。

為了幫助消除全通路行銷的神祕性，每一章一開始都會提供一個例子，聚焦在那一章所探討的修練。這些例子是來自新聞報導和跟公司的談話中獲得的靈感而撰寫的虛構故事，無法確實代表實際情況，但應該可以讓你啟發一些想法。

這裡還要提醒：本書中談到的戰術與方法不保證可以合法適用在全球各地，在採用之前請先諮詢了解當地法規的法律顧問，切勿輕率行動。

我們希望你可以從閱讀這本書中受惠。

朝全通路轉型

在現今的商業界，我們看到公司從一開始對新科技與溝通管道的興奮和熱情，邁入能夠開始應用這些強大的科技與溝通管道，精準聚焦在贏得更多顧客與賺更多錢。

簡而言之，我們看到愈來愈多公司從聚焦銷售導向的多通路邁向全通路，使顧客利益及顧客忠誠度成為所有重大決策的核心考量。下面是針對這些主題更多的探討。

對數位科技的興奮和熱情

不用說，數位科技的問世一開始讓人興奮莫名。突然間，有層出不窮的新溝通管道和數位工具供行銷人員使用，第一個疑問自然是這些新工具該如何運用，行銷人員現在可以完成什麼事情？他們可以如何更好、更順利的達成原本正在努力的目標？

從多通路到全通路

在行銷領域，這些工具導致多通路行銷（multichannel marketing）出現，這是指能使用多種通路來行銷與銷售。從現代的觀點來看，當時行銷部門傾向把傳統的行銷機制複製到新的數位通路上；而從顧客的角度來看，到處都看到相同的行銷活動，但並沒有考量到他們和每家公司過去的所有往來。

在純粹的多通路行銷中，每個通路會各自蒐集和使用資料，來讓通路的成效局部優化（suboptimizing），但沒有誘因讓其他通路優化，至少對個別員工而言是如此。多通路行銷聚焦在個別通路，例如建造一套優異的應用程式或網站，但一談到要整合所有通路時，挑戰就出現了。

跨通路行銷（cross-channel marketing）是多通路行銷和全

通路行銷間的跳板。多通路行銷和跨通路行銷的根本差異在於資料的使用，跨通路行銷認為顧客在購買旅程中將多次切換通路，因此鼓勵通路經理從其他通路取得資料，因為更廣泛的資料將創造出更好的客製化及市場區隔結果。但是，在這個階段尚未出現以顧客為中心的組織，因此，各自為政的封閉心態仍十分強烈，內部存在敵對與對「非以顧客為中心」的目標、工具與數據孤島（data silo）進行局部優化的現象。

下一個層次的行銷是全通路行銷（omnichannel），在這個階段，整個組織已經熟悉顧客的購買決策並非線性思考。基本上，每一個溝通管道都是雙向的，由組織蒐集與儲存資料，供以後所有通路與顧客進行互動，因而稱為「全」通路。實務上，客服中心可以馬上知道線上的顧客是否開啟電子郵件，以及最近是否登入；客服中心也知道這位顧客先前在網路與實體商店的購買歷史。通路之間不會產生衝突，員工並不會把顧客推往特定通路，而是以開放且熟悉的方式在顧客的購買旅程中提供幫助。所有對外溝通也根據顧客以往和公司的互動情形，以及他們言明或推論出的興趣與偏好量身打造。這一切結合起來更貼近每個顧客的需求，因而促使他們買得更早、更多、更頻繁，並且告訴朋友自己感受到良好的體驗。

從前面描繪的全通路可以明顯看出，成功的全通路策略需要整個組織更徹底的努力，而且不僅僅是「數位化」。

本書把銷售與行銷通路簡稱為「通路」，當我們說「全通路行銷」時，指的是針對所有通路的顧客溝通量身訂做；當我

圖0.1 朝全通路轉型

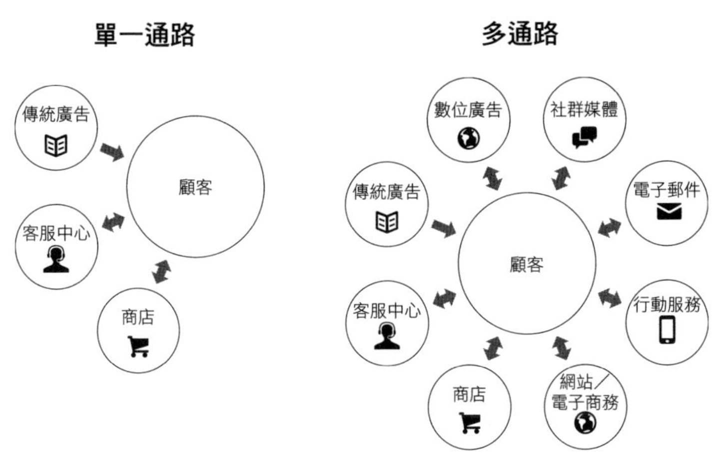
單一通路
傳統廣告
顧客
客服中心
商店
多通路
數位廣告
社群媒體
傳統廣告
電子郵件
顧客
客服中心
行動服務
商店
網站／
電子商務

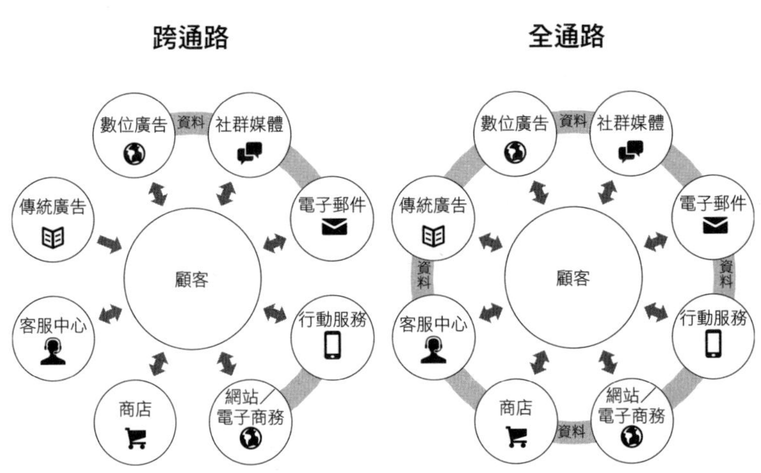
跨通路
數位廣告
資料
社群媒體
傳統廣告
電子郵件
顧客
客服中心
行動服務
商店
網站／
電子商務
全通路
數位廣告
資料
社群媒體
傳統廣告
電子郵件
資料
顧客
資料
客服中心
行動服務
商店
資料
網站／
電子商務

們說「全通路」時，涵蓋全通路行銷與全通路商務。

全通路對所有產業都適用

雖然零售業者和消費性零售品牌已經快速擁抱全通路的概念，但全通路絕非只適用於這類企業。一個企業就算沒有實體產品或實體商店，並不意味著顧客會局限在單一溝通或銷售通路去搜尋產品或尋求售後服務。零售企業需要很多的供應鏈及存貨管理，才能做好全通路行銷，其他產業未必需要做這些事。為了使這本書廣泛適用於各種產業，我們刻意選擇不討論整個供應鏈，而是聚焦於溝通和數據層面。

超越數位轉型

開發新工具，以及研究數位科技如何增進企業內所有部門的效能，引發數位轉型相關的熱烈辯論。公司該如何擁抱數位科技來幫助現有的事業營運流程，並進行創新及創造新的商業模式？

現在你的情況可能是：

- 你的組織已經在相關的數位及社群媒體通路上立足
- 你有第三代（或第N代）的網站
- 你正在做電子郵件行銷

- 你已經在多數溝通管道嘗試客製化
- 你正把廣告經費用於程序化廣告（programmatic advertising）
- 你正在思考如何在產品及服務上應用數位科技
- 你的組織正在使用商業智慧（business intelligence）來提供數據與預測，並支援採購業務

儘管這些情況基本上都可以持續下去，但你尚未充分研究各種技術能為事業的每個部分做些什麼事。現在該是調整焦點，進入全通路轉型的時候了。

為了滿足顧客的期望

還有另一個明顯的商業趨勢加強全通路轉型的必要性，這股商業趨勢可以總結為「顧客年代」（the Age of the Customer）[7]，或「企業對個人」（B2Me）[8]。這股趨勢的核心就是把顧客與他們期望可以獲得客製化待遇視為優先事項，以適當的產品或客製化訊息來接觸他們，並且在適當的時間點這麼做。

用一對一的方式來迎合顧客需求並非新概念。唐・裴伯斯（Don Peppers）和瑪莎・羅傑斯（Martha Rogers）在1993年出版《一對一的未來》（*The One-to-One Future*）[9]，書中的遠見直到現在還是很知名。他們在這本書中建議公司應該開始界定自己為「以顧客為中心」的公司，而不再執著於擁有銷售通路

及產品孤島（silo）的公司。你可能會問：「那為何是現在？」

吉姆．布萊辛格姆（Jim Blasingame）在《顧客年代》（*The Age of the Customer*）[10]中指出，自2015年起，數位革命已經使購買過程的掌控權發生徹底改變。權力已經轉移至消費者手中，因為可以選擇的產品十分豐富，而在網路上，可以很容易觸及另一個商家，有很多地方可以取得與產品有關的所有資訊，以及其他顧客對這項產品的評價。此外，要分享這項產品的正面及負面體驗與評價，提供未來顧客參考，也是極其容易的事。

這迫使企業必須重新聚焦在顧客上，而非聚焦在銷售通路或無數開出甜蜜承諾來誘使顧客購買新產品的無數商家上。

數位革命帶來巨大的機會誘惑，廠商必須調整焦點，瞄向正確方向，亦即瞄向顧客，並運用科技及商業洞察來幫助它們堅持到底。

轉型後的樣貌

轉型至全新的全通路典範，隱含的是從行銷部門到企業許多其他部門的深層變革。

執行長必須支持既有做事方式的改變，並在行銷與銷售、資料分析、零售，甚至人力資源等領域的變革中扮演核心角色。

還有，縱使整個組織都已經為全通路行銷做好準備，你也無法總是做到讓所有溝通都適當迎合每一個人。因為你永遠無法擁有一個完美的資料庫，永遠不會有所有顧客的足夠資料，你需要傳達的內容也不可能總是對每個顧客都很重要。這意味的是，你不可能突然間就丟棄過去一體適用的行銷策略，這些策略都必須保留下來。

對多數公司而言，全通路轉型意味的是在飛行時同時改造飛機。而且，若你沒有增加任何額外的資源，就必須讓駕駛飛機的人來改造。

但歷經時日，整個組織會變成以顧客為中心。你會有更大的已知客群，有眾多人工智慧模型，有大量內容和自動化的溝通訊息適時傳送給合適的顧客。你的實體商店服務人員及客服人員受過訓練，而且配有可以連繫各種銷售與溝通通路的工具，使顧客在絕大部分時候獲得適當的溝通。

這就是全通路轉型完成後的樣貌。

行銷人員的工具

這本書要提供行銷人員一項工具，幫助你引導組織進入一個全新的全通路世界。為了讓這項工具盡可能被理解，我們創造「全通路六邊形」這個成熟度模型來指引你進行全通路轉型。繼續閱讀下去，你會學到更多東西。

全通路六邊形模型

本書主要使用的模型是全通路六邊形模型，它將成功的全通路行銷所必須處理的溝通與銷售通路等所有功能濃縮起來。這個模型並沒有使用溝通通路或部門的專用術語，而是提供一種中性的語言，讓你和同事得以順暢的討論全通路的重要主題。

討論與評估全通路發展的工具

全通路六邊形模型的目標是提供一種用來討論和評估全通路進展的方法，它讓你的事業得以更好的檢視邁向全通路行銷的旅程，以及你的優先要務。藉由評估公司目前落在這個模型上的位置，並與競爭者進行比較，就能明顯看出需要採取的主要工作，以及應該朝什麼方向移動。

全通路六邊形模型也可以幫助你向管理高層爭取適當的資源與必要的預算。在管理工作坊中使用這個模型，可以讓組織各部門的參與者提出對全通路轉型進展的看法。討論全通路六邊形模型及相關的修練，可以讓大家改變態度，更容易將邁向全通路視為共同目標。第六項修練會針對這點有更多的討論。

六項修練

為了更有成效且有效率的推動全通路行銷，你和你的事業應該發展與加強這六項修練，藉此變得更加顧客導向，更精密的操作全通路行銷。這六項修練分別是：

1. **辨識顧客並取得行銷許可：**愈能辨識各通路上更多的顧客，並主動積極的接觸他們，透過客製化行銷產生的整體效果及利益就會愈大，在付費媒體上的支出與曝光需求就會愈少。
2. **蒐集資料：**資料是公司對每一個顧客的記憶，也是使你的溝通與服務更適合每個顧客的先決條件。你必須有系統的蒐集與整合顧客資料，藉此得到每個顧客的全貌。
3. **資料分析與人工智慧：**人工智慧和預測性分析提供細部的洞察資料，了解數據資料與想要和不想要的顧客行為間的關聯性，這些洞察資料建構出對待每個顧客的方法，並排定優先服務的順序，評估全新的全通路工作成效。
4. **溝通與服務：**如果不使用數據與洞察資料，就沒有任何價值。利用資料分析產生的洞察，開發每個個別顧客的溝通與服務，並在適當的時間和適當的通路傳遞訊息。這樣做的話，不論在你主動接觸顧客，或是當他們主動找上你的時候，就能確認與每個顧客往來的情況。

5. **績效分析：**若你想要發展一個以顧客為中心的組織，並評量績效，就必須監測以往未監測的指標。你應該在績效分析中納入顧客面指標，而非只是聚焦在個別通路和行銷活動上。
6. **組織與管理：**組織與獎勵制度應該對各通路的客服優化提供支持，否則，個別的計畫及目標很快就會阻礙你朝全通路邁進。你的事業也必須有適當的文化、技能與工具。

這六項修練適用於所有通路。舉例而言，當評估公司在溝通與服務方面的成熟度時，思考的問題及回答和所有通路有關。成熟度是自外而內依序評量，亦即必須先評估事業是否達到最外環的標準，再向中心更進一層評估。絕大多數公司至少處在每項修練最外環的水準。

這些修練沒有固定順序，但在許多情況下，若一項修練未達一定成熟度，很難在另一項修練做到完全精通的水準。舉例而言，除非你在蒐集資料上相當嫻熟，否則沒道理去做資料分析與人工智慧；若你無法辨識顧客，並擁有一定數量的數據資料，你很難適當的與每個顧客溝通。因此，你的目標應該是所有修練都漸漸朝內推進，同時還要建立、普及與強化各通路及組織部門間的交互作用。

圖0.2 全通路六邊形模型

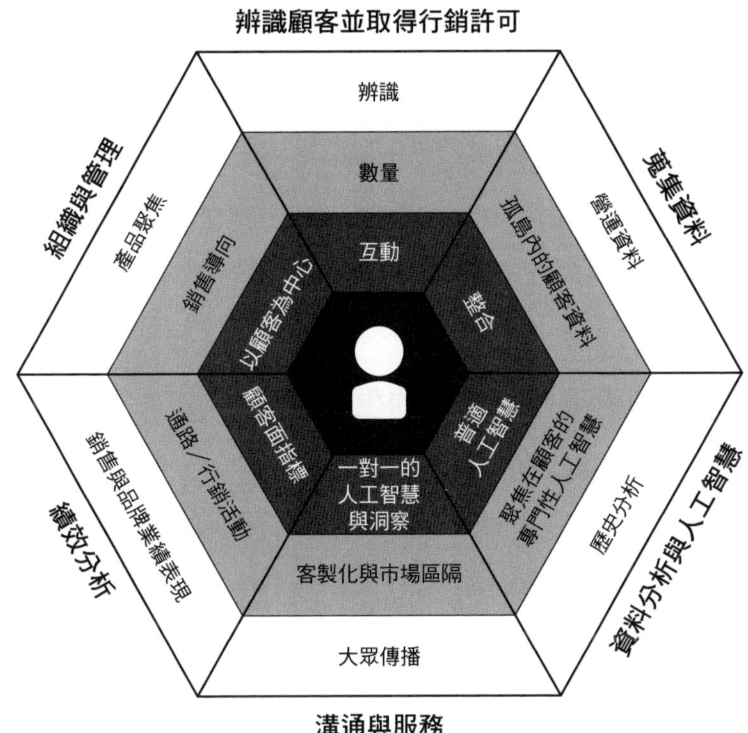

為什麼沒有納入產品？

有些人問我們，為何沒有在全通路六邊形模型中納入產品單獨作為一項修練。關於這點，有幾個理由。

首先，各家公司以單一產品或單一聯合服務為中心的程度不一。有些公司確實有一項核心服務，事業則以此為中心；有些公司則有許多產品，就這些公司而言，應該為每個顧客挑選合適的產品，而非發展產品本身。

其次，有些讀者沒有機會大幅改變產品或服務，因此，把產品當成單一修練並不適合所有的組織。

不過，這六項修練可以用來開發產品。舉例而言，公司應該使用「蒐集資料」和「資料分析與人工智慧」這兩項修練來促進對顧客的了解，察覺他們的需求。

溝通與服務是產品體驗的重要部分

溝通與服務的修練可以顯著影響顧客感受產品的價值。舉例而言，顧客在商店看到一只戒指，這只戒指本來就有價值：它很漂亮，而且用良好的材質打造。但是，若在跟顧客溝通時說起這只戒指的故事、設計師的想法、工藝的素質等等，那麼顧客感受到這只戒指的價值就會提高。這些溝通提供顧客更好（或是不同）的體驗去了解這項產品的價值，增進口碑效應，以及品牌故事的效果。在某種程度上，溝通與服務這項修練已經包含產品，或至少包含產品體驗。

為什麼沒有納入品牌？

若起始點（亦即品牌、服務或價格）不具吸引力，那麼使用全通路六邊形模型和全通路行銷就沒什麼意義與價值。全通路六邊形模型認定，你的品牌理應了解或訴求適當的情感價值，進而引起顧客的興趣，並讓他們認為很重要。全通路主要是一種改進方式，亦即在一個已知且有效的基礎上做得更好的方法，這也是全通路六邊形模型不納入品牌作為修練的原因。

不過，全通路執行得好，可以大大影響顧客對品牌的印象。當顧客從一個溝通管道轉換至另一個溝通管道，知道公司沒有忘記過去的往來歷史，在實體商店或透過許多數位管道和你的品牌互動都一貫獲得適當而及時的溝通時，他們對你的品牌就會有更正面的看法。

四種全通路成熟度類型

拉斯穆斯．賀林在2015年推出全通路六邊形模型第一版之後，至今已有超過800家公司使用原先的線上基準比較工具來評估全通路策略的成熟度。

我們和網路商業倡議組織與哥本哈根商學院研究數位成熟度模型的博士生雷斯特．拉斯雷多（Lester Lasrado）共同進行的數據調查明顯看出，特定修練領域的成熟度有顯著程度的關聯性。這幫助我們定義出四種全通路成熟度類型，這些類型有助於描述一間公司在全通路策略的發展上所達到的狀態，但更重要的是，它們指出朝全通路成功發展的方向，使公司成為顧客眼中值得信賴的顧問。

如圖0.3所示，橫軸代表可以在各種溝通管道上向顧客直

圖0.3　全通路成熟度類型

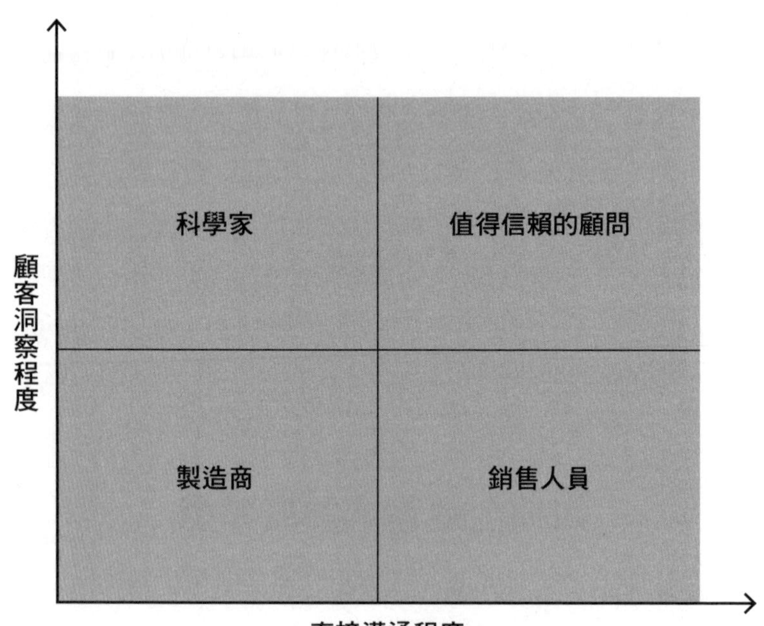

接溝通的程度。沿著橫軸表現優異的公司是在「辨識顧客並取得行銷許可」和「溝通與服務」這兩項修練中相當成熟的公司。

縱軸代表組織從顧客行為中獲得洞察的程度。在縱軸上表現優異的公司是在「蒐集資料」和「資料分析與人工智慧」這兩項修練中相當成熟的公司。

右上角代表善於根據顧客洞察在各種通路和顧客直接溝通

的組織。通常，在「組織與管理」和「績效分析」這兩項修練上如果不夠成熟，就不可能達到右上象限的地位。

類型一：製造商

製造商類型的公司與終端顧客只能間接溝通，而且記錄顧客的資料並不多。在全通路六邊形模型中，這類公司對這六項修練的成熟度很低。我們發現產品導向的公司會把產品交給經銷商銷售，從來沒有一對一面對終端顧客。這類公司在進化到全通路行銷時，組織所有層級都需要大幅轉型，這類公司若要有任何程度的全通路行銷成果，就必須和終端顧客建立連結。

類型二：科學家

這種類型的公司通常在「蒐集資料」和「資料分析與人工智慧」這兩項修練表現得很好，但在「辨識顧客並取得行銷許可」和「溝通與服務」這兩項修練的表現較差。這類公司並未使用分析工具來改善對顧客的溝通及服務，但它們使用研發時分析的洞察去改進主力產品。這類公司通常十分技術導向，而且大多製造硬體產品。這類公司若想更朝全通路行銷發展，行銷團隊就必須善加利用取得的資料，主動積極把一般顧客體驗推進至受顧客歡迎的水準。

類型三：銷售人員

這種類型的公司通常在「辨識顧客並取得行銷許可」和「溝通與服務」這兩項修練表現得很好，但在「蒐集資料」和「資料分析與人工智慧」這兩項修練的表現較差。雖然它們得到顧客允許，可以接觸顧客，但主要目的是從使用付費媒體廣告轉向使用自有媒體，例如電子郵件、網路、應用程式和簡訊溝通。[11]這意味的是，它們並未對傳統一體適用的溝通做出改變，只是偶爾把電子報做出市場區隔和客製化。多數努力執行全通路策略的傳統零售業者就屬於這種類型，顧客通常認為這類組織喜愛推銷，甚至過於積極的推銷。為了成為全通路行銷的公司，這類公司必須更認真看待資料的蒐集與分析，為此，行銷團隊可以開始採用行銷資料分析，以激發組織更廣泛的採行資料分析相關的實務。

類型四：值得信賴的顧問

在這個模型的右上方是值得信賴的顧問。這是在全通路方面表現優秀的公司，這種類型的公司不僅在資料和溝通方面的修練表現得很好，也在「績效分析」和「組織與管理」這兩項修練上有很出色的表現。這種類型證明，公司若未能積極致力進行組織調整，並把績效分析調整成以顧客為中心，就無法成為完全的全通路公司。

利用線上基準比較工具評估全通路行銷成熟度

部分執行長過度關切公司最直接的競爭者，以致於忽略思考京東商城或亞馬遜等較大的競爭者是否將奪取整個市場。因此，若有個指標可以評估你的事業超前或落後競爭者，會很有幫助。

為此，我們和網路商業倡議組織合作，使用全通路六邊形模型發展出一項全新的全通路基準比較工具，用以評量組織的全通路成熟度。使用下面的QR code條碼連結，你可以評估公司在六項修練上的成熟度，並看看公司相對於競爭者的表現。

掃描下面的QR code條碼連結，並填寫問卷（英文）：

OMNICHANNELFORBUSINESS.ORG

完成調查後，你會得到一張全通路成熟度圖表，可供內部使用。你可以把產業比較縮小至自身或類似的產業，看看其他公司大致上對這些問卷調查問題的回答。

接下來，你可以選擇邀請組織成員來做相同的問卷調查，回答相同的問題，以獲得更深層的印象。這也可以釐清你和同事對情況是否有不同的認知，激發知識交流和共同研議。

所有作答都會匯入網路商業倡議組織的資料庫，用來進行全通路成熟度的全球研究。你的資料會匿名不公開，並與其他公司的資料納入基準比較工具，並提供一般的研究分析。

這項工具除了作為全通路六邊形模型的最初標準，也可以讓你看出你的事業最像四種類型中的哪一種，並和其他作答的公司進行比較。

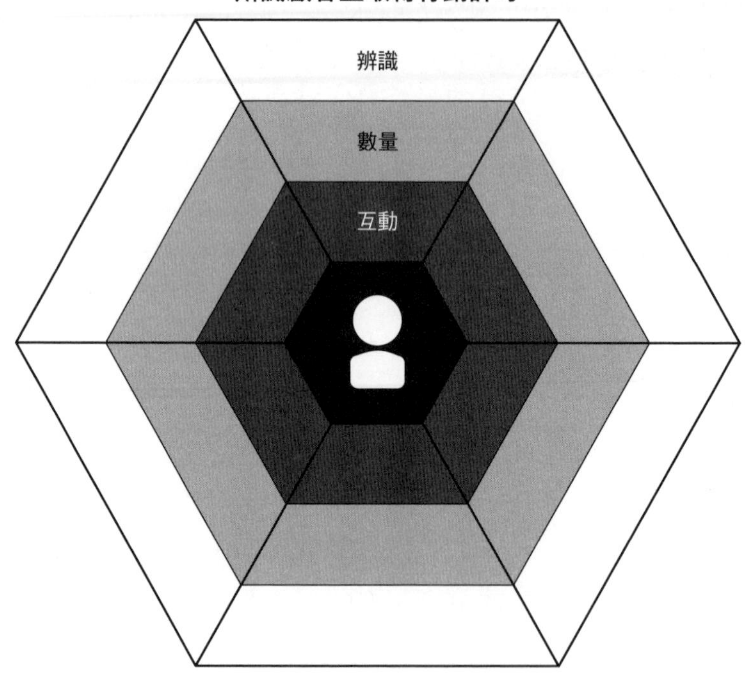
辨識顧客並取得行銷許可
辨識
數量
互動

第一項修練

辨識顧客並取得行銷許可

辨識顧客是提供客製化的基礎，
你能夠在各種通路中辨識出多少顧客？
你是否有和他們一對一接觸的選擇？

王雷住在上海，他和女友張敏認識兩週年的紀念日快到了，他以前從沒買過首飾，但他最近注意到他的偶像俆提米在微信上張貼戴著永恆印記（Forevermark）品牌的首飾照片。他點擊連結至微信的永恆印記商店，追蹤這個品牌，把一些項鍊和戒指加入追蹤清單。接著他被邀請到永恆印記的上海「Libert'aime」概念店看產品，並且可以透過微信預約。

王雷進了商店，看到大家在一面「魔鏡」前試戴珠寶，這個魔鏡可以幫顧客拍照，然後把照片貼在微信上，這樣在購買前朋友就能提供建議。因此你必須登入微信帳號，註冊加入會員。王雷看到他的詳細資訊顯示在微信上，接著一位銷售推廣人員給他看追蹤清單上的產品。

後來，張敏打開王雷贈送的項鍊禮物，感到又驚又喜。在那之後，王雷不時會收到永恆印記的通知，提醒他未來還要繼續消費。[1]

這個寫實（但虛構）的情境描述顧客在永恆印記的上海「Libert'aime」概念店可能得到的體驗，以及永恆印記如何仔細在溝通及銷售通路中辨識顧客，並取得同意後與顧客直接溝通。這是探討本項修練主題很好的例子。

我們建議你學習永恆印記結合影響力行銷（influencer

marketing）和社群媒體的方法，把觸角延伸至潛在顧客，再用微信及電子商務商店來鼓勵潛在顧客自行聯繫公司並提供身分資訊。學習永恆印記在店內使用科技的方法辨識顧客，並延續顧客在數位通路上的購物體驗，這能幫助你在品牌和顧客間建立持久的連結。

我們建議你使用相同的原理（透過市場上大幅採用的通路，類似中國市場上的微信）來和顧客建立連結。為了讓顧客覺得你在關注他們，你必須能辨識出他們，不論他們處在何種溝通管道。你也應該尋找主動和他們交談的機會，否則這很快就會變成一種非常單向的關係。這也是你應該取得他們同意的原因，亦即「取得行銷許可」（marketing permissions）。

我們把辨識顧客和取得行銷許可結合為一項修練，是因為辨識顧客的方法和取得行銷許可的方法經常重疊。辨識顧客的途徑通常是電子郵件地址、電話號碼或應用程式ID（或同時透過多項管道），同時，它們也是用來和顧客直接溝通的管道。

就更廣的層面來說，這項修練指的是必須建立一個廣大而專門的客群和非客群名單，才能做到成功的全通路行銷。不論顧客是進入商店，或是打電話進來，你都必須可以在各種通路辨識出他們。與此同時，當你想採取行動傳達訊息時，你必須能接觸到顧客，最好是使用手邊擁有的所有顧客資料，客製化你想要傳達的訊息。

在全通路六邊形模型中，有系統的辨識顧客並取得行銷許可是六項修練中的第一項，它是把顧客溝通客製化的基石，是往後能夠分析資料的關鍵。若你不知道要溝通的對象是誰，如何能為他們量身訂做？

接下來是取得行銷許可。你不能總是仰賴顧客主動找上門，若你有世界上最棒的產品，或你有最雄厚的預算去做內容行銷，那麼，「建造了，他們就會上門！」（Build it and they will come）的道理或許可行。但誰有這些條件？*

若想使顧客覺得你們有雙向互動，你必須能在所有通路中辨識出他們，你的品牌偶爾也該主動聯繫他們，但不能一直主動聯繫，不能太過積極，否則顧客會感覺有壓力，感覺你是在推銷，而非關心忠誠顧客。

獲利能力建立在自有媒體的觸角擴大

如果必須持續在Google或臉書上花錢引起顧客的注意，花費可不低，更別提在電視、平面媒體或電台上打廣告，這類通路被稱為「付費媒體」（paid media）。若你在Google上花錢吸引到顧客，那位顧客或許早已在搜尋你的品牌，下次這位顧客在Google上點擊你的廣告時，你又得付錢給Google，這不是滿荒謬的嗎？

自有媒體（owned media）是指不須付費而取得曝光機會

---

* 編注：Build it and they will come來自美國電影《夢幻成真》（*Field of Dreams*）中男主角說的一句經典台詞，原意是指「只要建造新球場，球迷自然就會過來看球」。這裡指的是「只要開店，顧客就會上門」。

的所有溝通管道，因此，電子郵件、網路、應用程式、簡訊，甚至你的實體商店內外的看板都是自有媒體。愈早開始從付費媒體轉往自有媒體來與顧客溝通愈好（而且愈便宜）。

現在，自視甚高的零售品牌都有某種形式的會員方案，藉此取得顧客的行銷許可，但是，取得行銷許可往往被視為一項純粹的數位活動，實體商店甚至不承認顧客的網路會員資格，儘管實體商店很容易成為獲取新會員和顧客行為資料的最佳管道。第六項修練會進一步討論這類「通路衝突」（channel conflicts）。

擴大顧客規模有助於細分客群

建立一個大型的客群並取得行銷許可有另一個明顯效益：伴隨資料庫成長，在對資料庫進行合理的市場區隔時，每個市場區隔的規模也會增大。

我們知道，客製化行銷溝通的內容和時機能顯著提高成效，提高程度可達200%，甚至900%。[2]但是，如果客製化溝通能夠觸及的實際顧客不多，無法達到關鍵多數時，就無法彌補製作客製化內容的附加成本。取得愈多顧客的行銷許可，甚至顧客資料庫對顧客的市場區隔愈精細，製作及發送客製化內容的獲利率愈高。

如果你的事業採取自動化溝通，例如觸發溝通（trigger communication）、行銷自動化（marketing automation）等等，擁有許多已經取得行銷許可的顧客，就可以經常對他們發出更多的自動化溝通，這樣的溝通效率更高，而且能夠大大降低觸及廣大客群的邊際成本。

以加入會員作為廣告中的主角

傳統的付費廣告（例如電視廣告）優點是往往能夠很快速的擴大規模。如果你現在要傳達一項訊息，想要很快看到效果，那大眾傳播仍是相當獨特的工具。儘管在線上串流服務中觀看節目是現在流行的趨勢，每晚仍有許多家庭觀看傳統電視頻道，如果今天播出你的廣告，明天產品需求就會增加，達成當季目標的可能性就會更高。如果你必須先取得顧客的行銷許可，那在開始對取得行銷許可的客群行銷之前，並不會帶來銷售。因此，你有餘裕可以長期思考與行動嗎？

愈來愈多傳統廣告在結尾時會要顧客註冊加入某種會員方案或取得最新消息，或是下載一個應用程式，這樣就能立即獲得促銷優惠。這麼一來，公司的傳統廣告就能同時獲得短期（銷售增加）和長期（建立顧客並取得行銷許可）的效益。

盡可能辨識顧客並取得行銷許可

通常你可以從電子郵件地址辨識顧客，而「取得行銷許可」可能直接等同於寄發電子郵件的許可。獲准直接發信至顧客的電子信箱，這向來是直接數位溝通最常被使用的方法。電子郵件有效率、可被看見、不昂貴，它仍是使用自有媒體來對外溝通最大、最有效率的管道。話雖如此，現在的消費者使用的通路數量增加，除了無數的社群媒體可供選擇，例如Snapchat、Instagram、臉書即時通（Facebook Messenger）、中國的微信，也別忘了簡訊和應用程式的推播。

在全通路六邊形模型和以顧客為中心的模式中，你可以根據和顧客的貼近程度來區分行銷許可。思考以下問題：當顧客主動現身網站或商店時，我們能自動辨識他們，並提供客製化訊息嗎？或者，我們能適時傳送適當的訊息到他們口袋裡的行動裝置上嗎？

分別在每個通路中辨識顧客是一件事；在所有通路中辨識每個顧客又是另一件事。你必須有能力結合電子郵件地址和電話號碼，確保你知道正在和誰溝通；同理，郵寄地址、臉書個人檔案與其他非傳統的通路資料也要結合起來，才能辨識顧客。

擅長辨識顧客並取得行銷許可，指的是能在各種通路中辨識某位顧客，並能把他在各通路中提供的行銷許可結合起來。你必須盡可能為更多顧客做到這點，也必須盡可能在更多通路上做到這點。接下來是保持和他們的互動，使他們不至於變成資料庫裡沒用的資料。

這裡會先探討在各種通路中辨識顧客的方法，接著檢視各種行銷許可。然後探討如何透過自有媒體及付費媒體來有效取得行銷許可。最後則會討論這項修練的成熟度。

辨識顧客

如果你想讓顧客收到客製化資訊，那你至少要能辨識他們。辨識顧客的方法很多，有些方法專門適用在特定通路上。

Cookies：在同個裝置上辨識顧客

在網站上辨識顧客最簡單的方法是由公司在顧客的手機、平板或電腦中植入叫做「cookie」的小檔案，cookie會追蹤這個裝置是否再次進入公司的網站。這不是追蹤個別使用者萬無一失的方法，因為有可能多位使用者使用同一部平板、電腦，甚至手機，尤其是在家中、圖書館、機場或其他公共場所提供的共用裝置。還有，值得一提的是，經過一定時間後，cookie就會過期，停止追蹤。

自從歐盟在2011年3月通過「Cookie規範」（Cookie Directive）後，在歐洲，網站必須主動告知使用者，網站會安裝cookie。但並非所有網站都這麼做，而且多數使用者不喜歡首次造訪網站時都必須點擊「我接受cookies」的回答。歐盟的「一般資料保護規範」自2018年5月開始生效，這些規範更加嚴格，網站必須讓使用者可以選擇對不同類型的cookie說「不接受」，而且，違反這些規範的網站會受到更高的罰金處分。

截至本書撰寫之際，我們尚未看到因為違反這些規範而遭到重罰的公司，但我們相信遲早會出現這樣的案例。

儘管有這種規定與其他法令的阻礙，人們對於網站能夠辨識出他們已不再感到訝異，恰恰相反的是，愈來愈多人期待及希望網站能把他們辨識出來。

登入及建立個人檔案：在各種裝置上辨識顧客

如果你想要更確定是否是同一個顧客／使用者在瀏覽你的網站，最好的選擇是採行登入網站模式。不過，要讓顧客登入網站必須有個好理由，否則公司通常不會使用這項選擇。我們常會看到線上購物網站讓消費者建立一個登入帳戶，使後續的交易更方便。完成交易後，商家會儲存顧客的聯絡方式、付款及送貨相關的資訊供日後使用。如果顧客認為未來還會購買商品，建立登入帳戶就很合理。

其他類型的功能也會要求顧客登入，例如「追蹤清單」功能，讓顧客及潛在顧客儲存日後可能有興趣購買的品項，想要使用這個功能的顧客會被要求建立一個帳戶。這麼一來，網站就能記得顧客在追蹤清單裡的品項，顧客日後不需要在這個裝置上再次登入，除非之前已經主動登出。這項服務是讓顧客可以儲存感興趣的品項，尤其是當產品種類繁多的時候。

這種方法帶給公司的好處是，只要顧客使用帳號及個人檔案登入，公司就能在同個裝置或其他裝置上再度辨識出顧客。

此外，公司可以從追蹤清單獲得與顧客相關的寶貴知識，甚至可以向顧客提供折價券，以換取他們同意公司發送推薦產品的訊息及電子報。

誘使顧客提供電子郵件、姓名與職稱

如果無法提供強烈誘因來吸引使用者建立個人檔案，你可以使用一種來自企業對企業（Business-to-Business，簡稱B2B）潛在客戶開發（lead generation）的方法：提供免費的白皮書和電子書下載，藉此換取使用者提供姓名、職稱與電子郵件地址。不論使用者是否勾選願意收到行銷資訊，使用這種方法，你便有95％的準確度可以捕獲特定潛在顧客瀏覽的網頁及產品，然後進一步接觸。當然，這需要一套支援這項功能的內容管理系統（content management system，簡稱CMS），或是在網站上安裝一個適當的追蹤工具。

舉例而言，你在Sitecore.net上下載白皮書時，不用下載很多就能知道你是否對它顯示的軟體感興趣，這個軟體正好就是Sitecore用來蒐集這種資料的軟體。支援這個目的的內容管理系統並非只有Sitecore，還有其他類似的工具。

在實體商店辨識顧客

在過去，辨識店裡的常客並不難，老闆（通常就是站在櫃台後方的人）能夠認出或感覺出誰是常客，能幹的店員會對熟客點頭致意，甚至可能記得他們的身材尺寸，以及以往購買的產品。

雖然現在還有這種情況，但現今的零售交易特徵是商店愈來愈大，店員往往比較沒有經驗，而且這類員工的離職率高。此外，國際性的連鎖商店擴展至各個國家的不同城市時，實務上不可能在沒有某種通用的辨識機制下辨識各分店的顧客。實體商店的解決方案通常是建立會員制。

透過會員制辨識顧客

為了辨識顧客，零售業者會建立會員制。為了換取顧客提供資訊，以便在顧客購買時能認出他們，會員制會給予顧客一些好處，像是折扣、其他服務或特權（例如獲邀參加特賣會與活動）。

不過，多數會員制會出現的問題是，顧客只有在結帳時才會出示身分，因此，銷售人員通常不可能像舊式實體零售商店一樣，在認出常客後為顧客提供一貫的客製化指引及服務。只有在顧客已經做出購買決定，在櫃台排隊結帳時，才能提供客製化協助，但此時辨識顧客往往都太遲了。

手機是辨識店內顧客的關鍵

顧客的皮夾裡放著會員卡的年代早已成為過去式，會員卡現在已經轉變成顧客手機裡的應用程式。

除了免除顧客從一堆塑膠卡中找出會員卡，行動應用程式的另一個好處是，使用信標（beacon）技術、Wi-Fi或GPS，支援所謂的「地理圍欄」（geo-fencing），這些方法或多或少都有相同的功效。當一名顧客（已經在應用程式中給予行銷許可）進入特定地區時，這類定位功能就會開始作用，例如，顧客的手機上可能收到推銷訊息，但更重要的是，零售商現在得知這位顧客就在附近或在店內。這可以幫助蒐集資料，也意味著銷售人員可以獲得通知，本項修練一開始的永恆印記例子就是描述這種情形。

過去幾年，許多零售連鎖商店已經設置自助結帳櫃台，顧客在店內使用應用程式掃描條碼，讓商店知道他們在店裡，等他們選取商品後，先掃描商品上的條碼，接著再放入購物車。顧客在應用程式裡註冊一張信用卡，結帳時能更快速便利。英國連鎖超市惠羅氏（Waitrose）的「Quick Check」和英國的塞福瑞吉斯百貨公司（Selfridges & Co.）就推出這種自助結帳模式。

如同下一項修練〈蒐集資料〉中更詳盡的討論，這些做法的另一個效益是，顧客在實體商店再也不是以匿名的方式購買，應用程式蒐集顧客在實體商店內購買時的相關資料，用於未來與顧客的數位溝通上。此外，這些資料可以讓所有通路得知這位顧客先前購買時體驗到的服務，例如，當店員認出這位顧客時，便能得知他以往的購買資料。

善於在店內辨識顧客的公司，將在全通路行銷上具有領先優勢。北美連鎖百貨公司諾斯壯百貨有大約50%的營收來自加入會員制的會員。[3]根據全美零售業聯盟（National Retail Federation）的資料，歷史悠久的廚具居家用品零售業者威廉斯索諾瑪公司（Williams Sonoma），因為過去有經營郵購業務，公司旗下的品牌得以把70%銷售的顧客姓名、電子郵件地址與實體郵寄地址連結起來。[4]第二項修練一開始就會談到，亞馬遜的無人商店Amazon Go把這個模式帶入一個全新的層次，它不准許匿名顧客進入它的無人商店。

客服中心的語音辨識

語音辨識（voice recognition）再也不是科幻情節，語音辨識與話語辨識（speech recognition）不同，話語辨識可以辨識說話的內容，語音辨識則是透過生物特徵來辨識說話者。語音辨識系統可以大大加快電話客服中心的作業，每個顧客檔案（customer profile）中會有一個「聲紋」，換句話說，就是把每個顧客的聲音都註冊起來。[5]

臉部辨識

在新科技的開發利用方面，中國是最為先進的國家之一（值得一提的是，比起歐盟，中國較不注重隱私），上海機場已經使用臉部辨識功能系統，讓中國居民極容易辦理報到手續。[6]上海地鐵也計劃實施臉部辨識，並結合話語辨識及數位支付服務商支付寶，通勤者只需要面向攝影機，說出想去哪裡，柵門就會自動開啟，並從支付寶帳戶直接扣款。[7]

行銷許可的類型

能夠辨識顧客，與進一步獲得行銷許可，能與顧客偶爾對話，兩者之間有很大的區別。行銷人員必須獲得每個顧客允許發送資訊與推銷產品，而非由顧客主動詢問。浩騰媒體（OMD）和洞察顧問公司（Insight Group）合作的一項調查研究顯示，75％的市場顧客是被動的，如果你或競爭者不去接觸他們，他們就不會採取行動。[8]辨識到的顧客和獲准接觸的顧客愈多，就愈能增進顧客關係。這一節會探討各種行銷許可與相關主題。

社群媒體是付費媒體

如果你能在推特或臉書之類的網站贏得顧客關注，對你的品牌網頁或檔案進行追蹤，理論上，你的一些貼文就會出現在他們偶爾查看的動態消息裡。因此，你就不再需要仰賴顧客來到你的網站或商店，現在你有機會直接接觸到他們。

然而，誰也不能保證潛在顧客會查看你的臉書或推特的動態消息。此外，社群媒體網站愈來愈需要從企業客戶身上賺錢，於是，企業必須付費來提高傳送給粉絲訊息的能見度。

如果你選擇付費提高在臉書上的曝光度，就有可能依照性別、年齡、教育程度、地區、語言、婚姻狀態與興趣來區隔傳送的訊息。若你把有共同特定行為（亦即曾經購買相同產品）的顧客名單（姓名、電子郵件地址、電話號碼）匯入臉書，你會相當有把握知道你的訊息會觸及適當的目標對象。但這不能保證百分之百正確，也不可能把每個顧客的姓名、購買歷史或外部資料併入你的訊息系統裡。

總之，除非花大錢或人工作業，否則在社群媒體上，你永遠無法十分貼近顧客。因此，這種靠社群媒體取得行銷許可的方法並非最有利的方法。不過在社群媒體上擁有大量粉絲仍然很有價值。如果你張貼的內容很有趣，可能會有相當高的曝光度，尤其是你的粉絲評論張貼的內容並分享出去的話。但切記，含有濃厚銷售導向訊息（例如折扣）的貼文通常不會獲得評論，或是被粉絲分享。

實體郵件

你也可以考慮用實體郵件來跟顧客直接溝通。如果你的顧客不在拒絕收到郵寄行銷的名冊裡，也可以寫實體信件給他們。切記要把每個地址拿來核對每個國家的「郵件偏好名冊」（Robinson List），這份公開名冊是選擇拒絕收到直接行銷郵件者的姓名及地址。

郵寄是直接行銷的傳統通路，使用進階合併規則，並輔以人工智慧，你可以製作合適的客製化訊息，直接將訊息寄送到收件人府上。但這種方法沒有什麼成本效益。如果你選擇寄送直接行銷給顧客，應該考慮設計、印刷、包裝與郵寄費等成本，因為光是印刷、包裝與郵寄費，每封直接郵件（direct mail）的成本很容易就會超過3歐元。

雖然郵寄比較昂貴，但有它的優點。實體郵件開啟的機率通常很高，尤其現在的顧客已經很少收到實體郵件，因此當他們收到信件時，幾乎都會打開。美國的資料與行銷協會（Data & Marketing Association）表示，直接郵件的回應率通常比行銷電子郵件的回應率高出10到30倍。[9]

直接郵件的另一個優點是，你可以購買到大量的郵寄地址，[10]甚至能夠買到根據家戶統計資料（例如推測的媒體習慣、政治意向、所得水準等等）來區隔的郵寄地址。因此，如果你必須創造新的顧客關係，而你的目標客群在其他媒體並非廣泛分布時，就可以考慮選擇直接郵件。

電子郵件行銷許可

加入我們的電子報，可以獲得300歐元的禮品卡！

你大概見過類似這樣的訊息很多次了，當然，版本眾多。現在大大小小的零售商都有電子郵件名單及電子報，電子郵件仍是最具成本效益的對外溝通管道，能用來進行客製化的一對一溝通。儘管許多人認為電子郵件行銷不討喜，甚至有點過時，但它還是有其他方法沒有具備的優點。

成熟的媒體：電子郵件是成熟的媒體，這指的是它已經存在很多年，因此有很多發送電子郵件的高端系統，也有很多阻擋討人厭的電子郵件的高端機制。

創意的媒體（有許多規則及例外）：電子郵件行銷訊息可以設計得極富創意，身為寄件人，你對內容有百分之百的控管權，圖像、文字，甚至影片，都可以嵌入內容中，所以它不必是黑白背景的乏味訊息體驗。不過，由於收件人可以用各種裝置觀看電子郵件，因此超文本標記語言（HTML）的呈現效果差異也很大。因此，身為寄件人，你必須在編寫規則上下很多工夫，並在所有裝置上進行測試。

動態內容及合併規則：跟直接郵件一樣，你可以完全準確的決定寄送電子郵件給哪些人，或至少掌握寄到哪些電子郵件地址。多數電子郵件服務供應商可以讓你在電子郵件裡建立合併規則，然後你可以根據擁有的顧客資訊與資料，把訊息及內容進行客製化。但並非所有人都會使用這個機會，現今企業絕大多數都是發送一對多的電子郵件來與顧客溝通，這等同於傳統的印刷廣告，差別只在於發送電子郵件並不貴。

除了改變郵件內容，有些工具還能夠建立先進的觸發程式，根據顧客的登入與活動，自動發送電子郵件訊息。最好的工具不只可以對電子郵件系統提供這種觸發程式，也可以對其他幾種行銷許可和溝通管道做到同樣的事，第四項修練會對此提供更多討論。

可評量：電子郵件訊息的一個優點是，即使與顧客幾乎沒有任何互動，都可以被追蹤。最常見的指標是：

- **退件率：**寄出的電子郵件未送達的比例
- **開啟率：**寄出的電子郵件被開啟的比例
- **點擊率：**寄出的電子郵件被點擊的比例
- **轉化率：**寄出的電子郵件促使顧客前往郵件中的連結網站，並執行期望的行動（通常是購買）的比例
- **取消訂閱率：**收件人選擇不願再收到電子郵件的比例
- **垃圾郵件投訴率：**寄出的電子郵件被收件人標記為垃圾郵件的比例

除了評量每一種互動情形，愈來愈普遍的做法是記錄哪些人點擊什麼類型的連結，這樣的行為會產生與收件人喜好和興趣相關的資料，可用於進一步的溝通。

垃圾郵件：有些公司在未經收件人許可下發送行銷電子郵件給收件人，它們會對有電子郵件地址的所有顧客寄送行銷電子郵件，包括並未給予行銷許可的顧客；或者，它們透過不正當的方法取得非顧客的電子郵件地址，例如向第三方購買電子郵件地址名單，或是在開放網頁上自動擷取電子郵件地址名單。這被稱為「垃圾郵件」，而且不是很好的實務做法，如果你是正派的企業，盡量別採用這種做法。

遞送能力（電子郵件能送達嗎？）：多數瀏覽器型電子郵件系統（例如Hotmail和Gmail）有專門的按鈕可以讓用戶申報垃圾郵件。Gmail不會審查這些申報是否屬實，但事實上，若收件人收到某個寄件人（通常是從IP地址判讀）的電子郵件有一定比例被視為垃圾郵件時，這個寄件人就會被列入黑名單，往後寄發的電子郵件也會被封鎖，放進垃圾郵件匣。因此，你最好清楚明確的讓收件人知道如何選擇拒絕收到不想要的電子郵件，這也是歐盟「一般資料保護規範」的規定。

取得顧客許可後，拖太久才寄發行銷電子郵件也很危險，因為顧客可能會忘記曾經同意你發送行銷訊息，因而在收到行銷電子郵件時，把它標記為垃圾郵件。

在電子郵件的遞送能力討論上有個詞叫「bacn」，這是指收件人同意接收行銷訊息，但他們收到後並未開啟和閱讀，而是直接刪除或丟進垃圾郵件匣。當然你可以說在這種情況下，只要收件人已經看到收件匣中這封電子郵件，縱使沒有開啟閱讀，寄件人也已經獲得品牌印象或曝光度，因而創造更多品牌知名度。不過，行銷電子郵件中通常會有更特定的訊息，若收件人沒有開啟閱讀，就不會做出回應。

Hotmail和Gmail系統會監控寄件人產生的「bacn」量，若你經常發送大量電子郵件，卻未被收件人開啟，那麼你就會漸漸受到懲罰，你的遞送能力就會降低。Hotmail和Gmail系統尤其會懲罰寄出所謂「垃圾郵件陷阱」（spam traps）的寄件人，垃圾郵件陷阱是已經很久沒有使用的電子郵件地址，Hotmail和Gmail系統從當初建立這些帳號的人那裡回收它們。若你的郵件寄到垃圾郵件陷阱裡，就顯示你沒有監督郵寄名單的品質，沒有持續對那些不開啟電子郵件的收件人做出取消訂閱的更新動作。當然，問題在於許多公司對行銷人員的獎勵是以顧客資料庫中行銷許可的數量為依據，而非取得行銷許可的活躍用戶數量。

為了避免正規的內部電子郵件落入垃圾郵件過濾匣裡，你應該從不同的子網域及IP地址發送電子郵件給顧客，而非使用你的普通網域。例如，若你的普通網域是Company.com，在發送電子郵件給顧客時，別從newsletter@company.com發送，或許改從newsletter@email.company.com發送。

向瀏覽器及桌上型電腦發送通知

向瀏覽器發送通知（browser notification）是一種相當新型的行銷許可方法。當用戶造訪公司網站時，公司可以下指令讓瀏覽器或作業系統發出詢問，請求用戶准許公司發送可能讓顧客感興趣的訊息給他們。舉例而言，YouTube就是使用這種取得行銷許可的方法，格式是以文字為主的簡短詢問，類似應用程式的推播（推送通知）。我們認為這是一種相當侵入性的方法，公司應當審慎使用，推播給終端顧客的訊息應該非常明確，而且要以資料導向。

由於這種溝通形式相當新穎，對於它的經濟潛力有多大的研究相當有限，然而，毋庸置疑的是，這是另一個可以產生些許品牌知名度的接觸點。除此之外，系統支援也十分有限，在目前常見的自動行銷解決方案中，向瀏覽器發送通知並非原生的溝通管道。

親密的行銷許可

它在我的口袋裡震動，這是我同意它這麼做的。從商業接觸來看，沒有什麼比這樣更親密的了。

我們用「親密的行銷許可」（intimate permission）這個詞來把這樣的接觸形式概念化，這種接觸形式是在個人層級運作，也是相當貼近顧客的方式。這是藉著在口袋裡震動的手機在行進間接觸顧客。不過，在近距離接觸的潛力下，這種溝通方式有特定的最佳實務。

簡訊

發送簡訊給顧客的做法已經行之有年，但與電子郵件相較，簡訊行銷的使用仍相當有限，這有很多原因，包括：

- 簡訊較昂貴
- 簡訊的成效較難追蹤：它不像電子郵件能夠輕易追蹤簡訊的開啟和點擊
- 發送簡訊的工具通常不提供進階的客製化方法
- 簡訊的取消訂閱率通常比電子郵件還高，因為它是相當侵入性的做法，也容易取消訂閱
- 儘管行動商務正在成長，但相較於從電子郵件中點擊連結，從簡訊到線上購買的路徑較長

不過，簡訊的開啟率很高。[11]再者，從純實務角度而言，蒐集電話號碼極其容易，而且不像輸入與蒐集電子郵件地址那樣有較高的拼字錯誤風險。

審慎使用

簡訊發送人必須考慮接收者收到簡訊時的狀況，當簡訊送達時，通常會有鈴聲或震動通知接收者，因此，發送人應該考慮傳送的時間點，三更半夜的簡訊非常惱人。若是跨越時區傳

送簡訊尤其要注意。

簡訊通常被用來作為回覆顧客查詢的通知工具。我的包裹何時出貨？我和美髮師約的是什麼時候？我的腳踏車何時該進場維修？這形塑消費者對這個溝通管道的期望，相較於電子郵件，消費者期望的簡訊內容很私人，而且跟銷售無關。

應用程式推送訊息

另一種更貼近顧客的方法是對已經在行動裝置（手機或平板）上安裝應用程式的顧客推送通知。本質上，讓顧客下載一套應用程式、讓他們登入顯示身分，並同意在應用程式上推播行銷訊息，這比較複雜，需要與顧客有一定程度的親近關係，或是提供非常好的產品才做得到。你的應用程式應該含有更顧客導向與提高價值的功能，而非只有接收訊息的功能。

跟發送簡訊一樣，在應用程式推送通知時，也要注意推送的時間點，以及行銷內容與服務導向內容。

你愈接近顧客的私人領域，就愈需要認真思考溝通的內容與時間點。在網站上發出對顧客沒有切身相關的溝通訊息沒有關係，不會導致顧客抱怨。在行動服務上推播與顧客沒有切身相關的溝通訊息，顧客的容忍度和耐心就會比較低，你發送幾則沒有切身相關的簡訊，就會喪失顧客的行銷許可及（或）顧客關係。

開發潛在顧客及行銷許可

取得行銷許可未必是很高深的學問，基本上就是簡單請求顧客同意，要訣在於你的提議使他們覺得答應會比拒絕來得更好。

你不需要提出特別高明的價值主張，事實上，簡單的訊息往往效果最好。

以諾斯壯百貨公司為例。公司的會員制度叫做「The Nordy Club」，有超過50%的營收來自會員[12]，它的會員制度所提出的價值主張簡單如下：

- 免費入會！
- 不論使用什麼付款方式都可以賺取紅利點數
- 根據消費金額決定會員等級
- 晉升至新會員等級後能享有更多優惠福利，例如優先參加時尚活動
- 取得尊榮體驗
- 享受特別福利，例如參加美容與時尚研習營、以得來速取貨、優先購買特選品牌等等
- 每消費一元獲得紅利點數一點
- 紅利點數可以兌換諾斯壯禮券，使用諾斯壯應用程式可以更快兌換紅利點數[13]

我們可以注意到，諾斯壯並未承諾提供會員什麼折扣，只提到可以賺取紅利點數供日後使用。太多公司高估提供大量折扣的需求，以為這樣才能吸引顧客加入會員和取得行銷許可。

諾斯壯自然也徵詢顧客是否接受發送溝通訊息，它的應用程式也提出詢問，請求顧客准許發送推送通知。

我們看到一些企業在顧客註冊時，把行銷許可的文案區分為許多部分來呈現給顧客。這可能是個壞點子，因為顧客通常不會同意簽署全部的條款。但是，當顧客要取消訂閱時，這種做法可能就是個好點子：讓顧客選擇取消某部分的溝通，而不是完全拒絕溝通。

獲取行銷許可的宣傳活動

為了獲取行銷許可，你可以透過已經和顧客溝通的管道來宣傳你的價值主張。

透過自有媒體宣傳

在自有媒體上，不必付費就能宣傳你的價值主張，因此大量使用是很自然的事。

商店網絡。如果你現在有商店網絡，一開始就應該利用，讓店員很自然的詢問顧客的電子郵件，以及他們是否願意加入會員，或是否已經加入會員。追蹤店員在這方面的表現，對表現最好的人給予獎勵。這個方法的成效取決於執行情況，如果這還不是店員日常工作的一部分，而且沒有評量店員在這方面的表現，這個方法將極難奏效。

通常為了追加銷售（up-sales）*，店員必須記得許多要詢問的事情，例如：「您想不想購買一盒只要1.5歐元的糖果？」為了使用零售商店通路來獲取行銷許可，你必須使整個組織認同一件事：取得行銷許可的長期價值遠大於此時此刻多賣一盒糖果。

透過商店網絡，你通常會取得既有顧客的行銷許可，因此，透過這個管道獲取行銷許可時，你的目標應該是和他們發展關係。至於培養全新的顧客關係，這個管道能獲得的成果有限。

你的網站。在你的網站上，你可以向既有顧客及潛在顧客獲取行銷許可。若你的網站有許多訪客，你顯然應該在這個平台上徵詢行銷許可，但不要只是詢問下訂單的顧客，或是被動採取行動。愈來愈多公司以特定行動所觸發的彈出訊息徵詢行銷許可，例如，當訪客逗留網站達到一定時間時，或是訪客在網站上瀏覽的網頁達到一定數量時，就會彈出訊息。

你推送訊息的積極程度該是多少，各方有不同意見，這要依照你的事業而定。但一般來說，設定這個訊息相當容易，因

---

* 編注：這是指推銷讓顧客購買更貴的商品、將產品升級，或是購買獲利更高的商品。

為通常是由行銷部門管理公司網站。

電子郵件。使用電子郵件來取得行銷許可在許多人聽來可能覺得有點矛盾，不過，若你想盡可能以更多通路去接觸顧客，徵詢他們同意你透過簡訊或應用程式來溝通，那麼，電子郵件管道是一種很好的媒體。

臉書。當然有可能使用臉書來取得行銷許可，尤其是和行銷活動搭配的時候。臉書廣告有種功能就是針對這點，但別忘了，這是付費媒體，天下沒有白吃的午餐。

歐洲的服飾零售商澤蘭多（Zalando.com）就鼓勵潛在顧客自行在臉書上讓公司認識他們（藉由追蹤公司的臉書網頁），顧客會收到行銷訊息，甚至獲得折扣來得到回報。

行動服務。如果發現無法再使用顧客提供的電子郵件來傳送訊息（亦即電子郵件被退件時），可以使用行動應用程式及簡訊通知顧客。簡訊特別可以作為取得行銷許可很好的補充管道。

挪威國家石油公司（Statoil，現在的Circle K）在2014年3月推出名為Statoil Extra的會員制度。有時過於忙碌的銷售人員無法一直在加油站蒐集顧客所有重要的個人檔案資訊，但他們通常能在忙碌中至少取得顧客電話號碼，並輸入到系統裡。稍後，顧客會收到最多四則簡訊，提醒他們使用電話註冊Statoil Extra。這等於是結合電話及其他管道來爭取會員給予行銷許可。

客服中心（不能在顧客打電話進來時徵詢他們嗎？）。當顧客打電話至客服中心時，似乎是徵詢他們同意以電子郵件和行動服務行銷的好機會。但是，在這麼做之前，切記查看當地的法規，在一些地區這麼做是違反法律的。不過，詢問顧客的電子郵件作為行銷以外的用途可能還是合法的；事實上，在歐盟的「一般資料保護規範」下，你有義務確認儲存的顧客資訊是最新的，亦即你有義務更新資料庫裡的顧客資訊。

直接郵件（透過郵寄取得行銷許可）。顧客的實體地址資料庫仍然是自有媒體，儘管使用它的成本效益不如其他管道，例如電子郵件及推送通知。若你已有法定義務得向顧客寄發直接郵件，但尚未取得顧客的行銷許可，常見的做法是在直接郵件中包含徵詢行銷許可的訊息。

透過付費媒體宣傳

電視廣告。企業經常使用付費媒體來取得行銷許可，電視廣告可以把公司的會員制作為廣告內容的主角，加入成為會員就是其首要的行動呼籲。電視廣告昂貴，但公司可以把獲取行銷許可的活動包含在現有的品牌導向廣告中。

電視廣告將從兩個方向招來對會員制感興趣的人，縱使銷售人員忘記詢問顧客加入會員的相關事項，顧客也可能從電視廣告得知會員制度並主動詢問。

Google關鍵字廣告及橫幅廣告。傳統大眾媒體廣告通常會連帶使得Google關鍵字廣告（Google AdWords）*及其他類似服務平台上的流量增加；若你為會員制度打了電視廣告，通常也會有更多人在搜尋引擎上查詢會員方案。為相關搜尋字打關鍵字廣告有其效益，例如，可以幫助坐在電視機前看電視的人用iPad搜尋。同理，透過在各種廣告網路（包括Google、臉書）上的橫幅廣告，也有助於提高在各種通路上的媒體曝光度。

利用供應商的品牌

有些供應商可能有興趣更加了解終端顧客在整個購買流程中的行為，和這類供應商合作來取得行銷許可是不錯的途徑。荷蘭線上零售商bol.com和樂高公司（LEGO）之間的合作就是這樣的例子。

玩具品牌樂高會區隔顧客與使用者，顧客是購買產品的人（往往是成人），使用者是實際玩樂高積木的人（所有年齡層的孩子）。由於樂高公司的政策是不直接向使用者宣傳與溝通，因此它不徵詢使用者的行銷許可，也不建立使用者的個人檔案。但公司和事業夥伴（經銷商）合作，這些經銷商和使用者互動，取得他們的行銷許可與相關資料。

樂高公司和bol.com共同建立一個專門的樂高平台，用以啟發使用者，也試圖透過這個平台更加了解他們。這個影片

* 譯注：2018年7月底已經改名為Google Ads。

平台「speel.bol.com」提供各種有趣的互動內容，例如樂高電影、開箱影片、使用者生成的影片內容，全都是針對各種年齡層的孩子。

這個平台的主要目的是蒐集來自各種接觸點產生的資料，這些資料包括：

1. **登入資料**。為公司提供人口統計資料，並讓孩子張貼自己創作的影片內容，贏得樂高產品。
2. **藉由增加遊戲化設計（gamification）來取得的互動資料**。例如讓使用者蒐集樂高貼紙，以展示自己是樂高的忠實粉絲。
3. **較一般性的平台統計資料**。例如流量數據及來源、影片觀看人次、在網站上逗留的時間等等。

這些資料為樂高公司及bol.com提供更多重要洞察，這些洞察被用於改進樂高公司的行銷成效與產品發展，以及促進bol.com的商店優化及轉化率優化（conversion rate optimization）。

根據bol.com的零售媒體管理部主管賈斯汀・桑迪（Justin Sandee）的說法，這些數據看起來很有成效。他在接受本書作者訪談時透露，這個平台在很短的期間內蒐集到超過1萬名1-11歲孩童的獨特個人檔案。孩童們顯然覺得這個平台很有趣，影片觀看人次達到15萬，30%的訪客經常再度造訪，平均逗留在平台的時間為21分鐘。超過2000名孩童花兩小時觀看影片，贏得虛擬樂高徽章。這些孩子得到樂高忠實粉絲的獎勵，可以在社群媒體上和朋友分享這個身分。截至目前為止，開箱影片最受歡迎，尤其是在年齡較大的族群。

這個平台對於該如何調整樂高產品的宣傳方式提供有趣的洞察。這個樂高啟發平台是全通路顧客方法其中一部分的典型例子，它將消費者擺在中間，根據他們的行為來改善行銷表現，使樂高公司成為更迎合消費者的品牌，也使bol.com成為更迎合消費者的購物地點。

透過直接郵件和無收件地址的郵件

你可以用傳統的直接郵件來獲取既有顧客同意接受數位行銷，同樣的，你也可以使用直接郵件或無收件地址的郵件來獲取新顧客的行銷許可。現在，在實體信箱裡看到非帳單的實體信函可能會令人感覺很愉快。如前文所述，美國的資料與行銷協會指出，直接郵件的開啟率極高，這或許是因為人們現在不常收到實體信件。

但是全世界有那麼多人，直接郵件的成本又高，該把信或無收件地址的郵件寄給誰？你可以向益博睿（Experian）及其他類似的在地服務商購買這類資訊，它們有按各種標準區分的企業及消費者地址，因此你不必寄昂貴的直接郵件給所有人。

為何媒體代理商不建議為獲取行銷許可進行宣傳活動？

別忘了，絕大多數媒體代理商賺的是付費媒體的錢，它們當然不會建議客戶鼓勵終端顧客從付費媒體轉向自有媒體。對廣告代理商而言也是如此，它們怎麼可能主動砍掉自己的利基？除非你堅持在廣告中納入行銷許可，作為理所當然的行動呼籲，否則，廣告代理商絕不會主動這麼做。

辨識顧客並取得行銷許可的成熟度

一個成熟的事業在辨識顧客並取得行銷許可方面要怎麼做？有非常多的簡訊行銷許可絕對是好事，有大量電子郵件行銷許可就「不是太好」嗎？由於收件人對透過網站、電子郵件、簡訊與應用程式推播的溝通有明顯不同的期望，健全的溝通與服務應該包含有效運用各種溝通管道。

你應該依照各種溝通通路的特性來使用，也應該選擇最適合媒體的訊息種類。透過電子郵件發送電子報是普通做法，若相同的溝通訊息突然改以簡訊傳送，你可以預期成效會明顯變差。但是，非常簡短的個人化簡訊就很有成效，因為簡訊的開啟率高，而且能實際活化行動服務（簡訊送達時有鈴聲或震動通知收件人），這類訊息也可以透過電子郵件發送，但效果就沒有簡訊好。

辨識顧客並取得行銷許可的工作必須配合目前的溝通工

圖1.1 辨識顧客並取得行銷許可的成熟度面貌

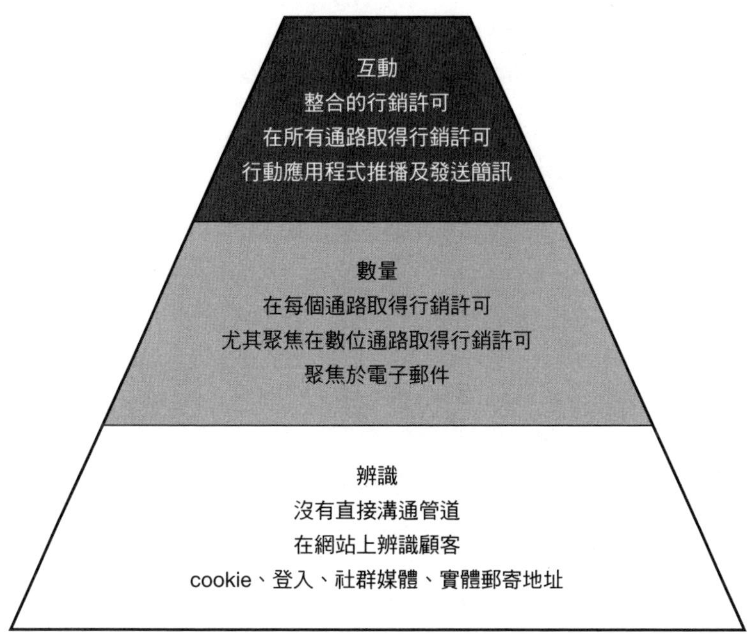

作。若基於優先順序不考慮使用簡訊溝通，那就沒必要大舉投資在取得簡訊行銷許可的活動，就像沒必要為不舉辦的宴會發送邀請函一樣。但有一件事是絕對確定的：致力於辨識顧客並取得行銷許可是全通路的重要部分。下文摘要描繪這項修練不同的成熟度會展現出怎樣的面貌。

最高水準

在辨識顧客並取得行銷許可這項修練達到最高水準的公司，會有系統的維持大量積極互動的顧客，以及得到行銷許可的客群。它們取得多種行銷許可，包括電子郵件、簡訊與推播訊息，而且從所有通路取得及整合行銷許可，因此有許多開放溝通管道可以連結到顧客。它們能夠在各種實體及數位通路自動辨識顧客。

中等水準

在辨識顧客並取得行銷許可這項修練達到中等水準的公司，會聚焦在累積客群和行銷許可客群。它們特別會在數位通路取得行銷許可，但在個別通路取得的行銷許可則只會儲存在那個通路或資訊孤島裡。舉例而言，如果取得顧客的電話號碼，這支電話號碼未必會連結到顧客的姓名、電子郵件地址或實體郵寄地址。這些公司尤其聚焦在取得電子郵件行銷許可，以及爭取顧客加入成為新會員。它們能夠在網站、電子郵件與零售商店辨識顧客。

最低水準

在辨識顧客並取得行銷許可這項修練達到最低水準的公

司，能夠在每個通路辨識顧客，通常是在網站上，或是公司臉書網頁上的交叉資訊，或者透過取得的電子郵件地址來執行。公司網站簡單辨識顧客的流程是使用cookie，有時有機會因為顧客登入而得知。這些公司在交易中能取得一些顧客提供的實體郵寄地址。

你可以掃描以下條碼連結至網站上接受我們以全通路六邊形模型設計的測驗，評估公司執行全通路的水準（英文）：

OMNICHANNELFORBUSINESS.ORG

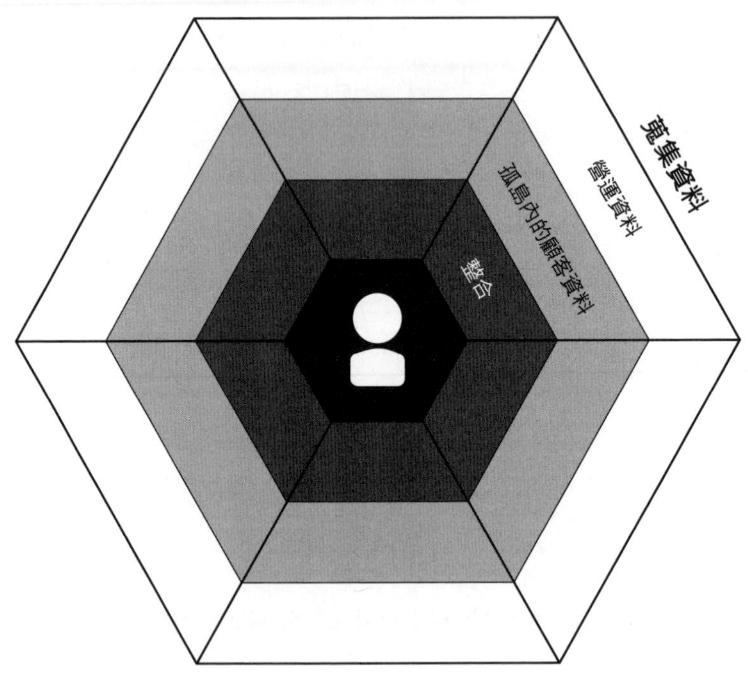
蒐集資料
營運資料
孤島內的顧客資料
整合

第二項修練

蒐集資料

資料是公司對每個顧客的記憶，
也是使溝通與服務變得更適合每個顧客的先決條件。
你必須有系統的蒐集與整合顧客資料，
以提供每個顧客的全貌。

麥克的女朋友生理期來了，她的衛生棉條快要用完了，因此她請麥克到商店購買。這似乎是光顧新開的亞馬遜無人商店（Amazon Go）的一個大好機會，這間商店沒有結帳的店員，完全數位化，只不過是一家實體商店。

到了商店前，他發現店門就像倫敦地鐵的入口。他必須先安裝Amazon Go應用程式，登入亞馬遜帳號，掃描應用程式上的條碼，才能進入店裡。從貨架上取下衛生棉條放進背包時，他感覺有點像在犯法，他四下張望，注意到天花板上裝滿攝影機，那些攝影機拍下他掃描應用程式，以及把產品放進背包裡，並正確的把他拿取的商品加到帳單上。他又拿了一些產品放進背包，然後離開商店。

疑惑之下，他拿出手機，打開Amazon Go應用程式，看到剛才拿到的所有產品都在銷售清單中，他的帳戶已經被正確扣款。他知道亞馬遜從他的網路交易行為及長期以來購買的東西蒐集到很多跟他相關的資料，再細想，亞馬遜必定也從Kindle得知許多他的閱讀型態……還有Alexa……現在還有這個無人商店？他一時無法研判自己是大受感動，還是毛骨悚然……但亞馬遜絕對把購物變得更容易。

公司對顧客的記憶

如果你希望適當的與顧客溝通，那你就必須蒐集資料。資料是企業對顧客的記憶。

如果你認真看待全通路，就必須讓顧客有無縫接軌的體驗，縱使他們改變和公司往來的通路。你必須讓他們覺得，轉變至另一個通路時，不需要重複提供在前一個通路中已經提供的資訊，而且，不論在什麼通路，溝通都很恰當。為了做到這種無縫接軌的體驗，需要跨通路的資料整合。和一個沒有跨通路資料整合的公司互動，就像跟一個動了裂腦（split-brain）手術的人談話，他左右兩邊的腦因為連接部位被切除而變成獨立運作，沒有相互交流。

進行資料整合時，你必須把來自每個通路的資料連結至個別顧客，這種情況可能或多或少已經存在，視你所屬的產業而定。在這種整合中，快速是重要的參數。

當顧客打電話至有線電視公司的客服中心時，如果客服人員手邊有最新資訊，例如這位顧客剛才瀏覽公司網站，查詢如何取消訂閱合約的資訊，並且在臉書上對公司做出負評，那麼，客服人員就能知道面對的是怎樣的顧客，或許客服人員說話就會更客氣，或是提供這位顧客一點額外優惠。在這類情況下，時間軸特別重要，因為到了隔天，這位顧客可能已經取消訂閱合約，這些資訊就沒那麼有價值了。

你蒐集和整合的資料種類很多，你的顧客知道自己已經提供一些資料，然而其他資料則是公司透過互動（尤其是數位通路上的互動），在不引起注意之下蒐集的資料，顧客未必會知道這些資料。這將影響你未來在溝通中使用這些資料時的坦率程度，你可不想讓顧客覺得自己一直受到你的監視，你希望他們的感受是被一個細心留意跡象及暗示的主人所照料。

在這項修練，我們會探討：

- 什麼是顧客資料
- 為何你應該蒐集顧客資料
- 如何分類資料
- 蒐集資料最容易的途徑
- 如何儲存及整合資料
- 在蒐集資料方面，你應該考慮的法律層面

最後，我們會摘要描繪「蒐集資料」這項修練不同的成熟度所呈現的面貌。

什麼是顧客資料？

在全通路行銷領域，當資料能和特定顧客連結起來時，資料才有用。因此，在這個背景下，那些匿名的顧客滿意度調查及問卷調查所得到的資料並不重要，它們或許可以用來開發及調整整體的服務及溝通，或用來支援一般性方案或產品的開

發，但在適時針對個別顧客量身打造客製化溝通訊息上並沒有價值。

顧客資料可能來自各種資料源頭，包括行動服務、顧客檔案、問卷調查、以往的購買歷史、GPS等等，其中一些資料的蒐集對顧客而言較不明顯，例如在網站上的點擊和頁面瀏覽量、在電子報點擊連結，以及從其他數位行為中蒐集資料。

現在，每個顧客的資料量急劇成長，這是因為利用電子裝置來追蹤各種事物的情形愈來愈普遍，從安德瑪（Under Armour）追蹤你的慢跑路線，到Google旗下的Nest恆溫器感測你家的溫度都是如此。也有較為獨特的形式，專門針對特定使用者或特定活動量身訂做，例如Babolat Play的智慧型網球拍能感測發球力道或打出上旋球的比例。

想像如果你能查詢每一個顧客，而且能看到公司擁有每個顧客的所有資訊。在資料充沛的現今世界，這不能只是一個內含基本資料的簡單索引卡片，它必須涵蓋公司和這位顧客每一次的互動、交易、交談或調查的原始資料。這明顯與顧客關係管理（customer relationship management, CRM）系統裡典型的顧客紀錄有所不同。

隨著時間經過，你對每個顧客蒐集到的資料量可能達到相當規模，基於資料的本質和多樣性，這些資料可能非常複雜。原則上，所有蒐集到的資料都應該儲存起來，以確保未來分析時可能派上用場，但這麼多資料量可能導致個別顧客的「檔案卡」混淆而難以了解。切記，蒐集與儲存幾乎所有資料的雄心和歐盟的「一般資料保護規範」法規之間存有潛在衝突，「一般資料保護規範」並不准許你儲存資料，除非你能載明如何使用這些資料，並且獲得顧客同意。

結構化資料與非結構化資料

資料有時被區分為「結構化資料」（structured data）和「非結構化資料」（unstructured data）。結構化資料要整理得好，通常會儲存在資料庫或表格裡，記錄（例如購買交易的紀錄）內含一個固定且已知的欄位數量，每一欄的內容通常是相同種類的資料（例如購買金額或日期）。非結構化資料則是不符合這種簡單重複性結構的資料，例如自由填寫的訊息、話語或其他聲音的錄音、圖像、影片等等。一些估計指出，非結構化資料的比例約為80%，甚至更高，但本質上，非結構化資料比結構化資料更難分析。亞馬遜無人商店Amazon Go的攝影機拍攝到的店內顧客影像就是非結構化資料的例子，你可以想像得到，幕後必然有大量處理作業來了解和解讀攝影機拍攝到的東西。

確定性資料與隨機性資料

另一種重要的資料區分法是「確定性資料」（deterministic data）和「隨機性資料」（probabilistic data）。當一筆特定的資料（例如一筆交易）和資料庫裡的某個顧客有關時，這筆資料就被稱為「確定性資料」。但有些資料無法如此確定是誰的資料，舉例而言，一個網站使用cookie蒐集一部筆記型電腦端瀏覽這個網站的情形，不過有可能是不同的人（例如小孩或配偶）在使用這部筆記型電腦，所以你無法完全確定蒐集到的資料跟誰有關，但你可能可以推測，因此稱為「隨機性資料」。當我們在後文探討如何透過第三方資料來源，或甚至嘗試預測顧客的特性或未來行為來增補資料時，談的正是「隨機性資料」。

為何要蒐集資料？

暫且把人工智慧與從所有資料來源匯總出的巨量資料中獲得驚人洞察的種種論述擱置一邊，試問：在個別顧客關係中，資料有何價值？

資料得被使用，才可能創造價值。許多蒐集到的資料不需要太多的處理就能被使用，進而創造價值，以前面提到的例子來說，你造訪有線電視公司的網站，尋找取消訂閱合約的資訊，即使不是天才也能看出你並非資料庫裡最滿意的顧客。反之亦然，如果你在亞馬遜網站上瀏覽所有款式的Beolit喇叭，是否值得公司對你採取進一步的行動呢？當然值得。

自有媒體是蒐集顧客資料的完美管道

由於公司通常是在自有媒體上蒐集顧客資料，蒐集資料往往比獲取更多行銷許可更為便宜，因此，蒐集資料應該成為和顧客所有溝通與互動中的基本部分。請參見後面對蒐集資料這項修練的成熟度分析。

行銷許可重「量」，資料重「質」

擁有龐大行銷許可客群的價值在於你可以不需要買廣告就能主動接觸顧客。擁有更多顧客資料的價值在於能讓你把溝通訊息進一步客製化，從而獲得更好的顧客回應率，最終賺到更多錢。然而，利用資料把溝通訊息客製化並不是沒有成本，你必須製作及推出動態內容和自動溝通訊息。當行銷許可的客群達到一定規模後，蒐集資料就會更加有利可圖。

以資料作為套裝顧客服務的一部分

資料的價值不僅是區隔溝通訊息與客製化溝通訊息的參數，公司的整個服務都是圍繞著顧客資料打造。蒐集、匯總與展示資料給顧客是因為顧客對資料感興趣。

這是「量化生活」（quantified self）這個大趨勢的例子。所謂「量化生活」，是指消費者對於監測與量化自己的日常行為愈來愈感興趣，以便更好管控生活各個層面，例如例行的健身、體態和體重。從事這個領域的公司會銷售感測器（名為「穿戴式電腦裝置」）及（或）軟體，蒐集資料後製作成圖表、統計數字、一般標準等提供給顧客。這類公司包括Garmin、Suunto、Fitbit、安德瑪。

顧客資料多貼近顧客？

跟行銷許可一樣，顧客資料也可以用貼近顧客的程度區分為以下三類：

1. 顧客提供的資料：提交的資料（submitted data）或檔案資料（profile data）
2. 有關顧客行為的資料：行為資料（behavioral data）
3. 有關顧客想法或感覺的資料：情緒資料（emotional data）

圖2.1摘要說明這三類資料和顧客的貼近程度。

提交的資料：顧客告訴我們什麼？

提交的資料是指顧客在網站表格、問卷調查、電話或透過其他工具提供或輸入的資料。給予行銷許可、加入成為顧客俱樂部會員，或是填寫簡單的顧客個人檔案而與顧客建立關係；

圖2.1　資料和顧客的貼近程度

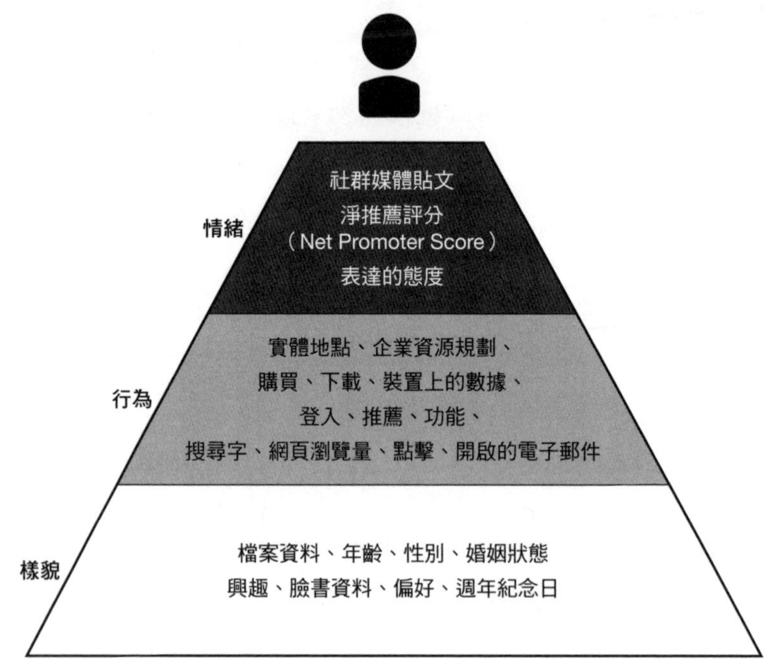

顧客提供可以蒐集的資料，像是姓名、地址、偏好、興趣、性別等等，這些情況愈來愈成為常態。

讓用戶輸入資料的世界冠軍當屬LinkedIn。後面會更深入探討LinkedIn如何使顧客揭露許多資料。

不過，提交的資料有個缺點，那就是顧客在提交資料中的陳述往往與實際情況不同。舉例而言，他們說自己送花給其他人的頻率往往與實際情況相差甚遠。他們說自己吃得很健康，事實上他們經常飢餓的攜帶最流行的信用卡和一個不耐煩的小孩現身店裡，陷入不健康的飲食習慣。

此外，提交的資料往往有許多錯誤，或是不一致。不論是由員工直接輸入顧客關係管理系統，還是由顧客自己輸入。舉例而言，「行銷經理」這個職稱就有很多種寫法。在這種情況下，這個資訊變得難匯總。因此，你必須制定各種工具來讓資料標準化及整理資料，關於這個主題的更多資訊，請參見第三項修練「預測顧客未告知的資訊」這節。

行為資料：顧客做了什麼？

我們並未察覺自己的實際行為透露諸多意圖。當你試圖預測一個顧客生命週期（customer lifetime）的下一步時，這個原理同樣適用。因此，探討你能追蹤的顧客行為很有價值。

交易、電子郵件與點擊資料。有很多源頭可以蒐集顧客行為資訊，這些源頭往往是在顧客購買或交易時。你也可以透過電子郵件來蒐集行為資料，多數電子郵件服務供應商能提供收件人開啟或點擊電子郵件的資料。實體商店零售商通常以為必須提供一些東西作為回報，才能換取顧客自願提供身分資料，讓商店能把交易和特定顧客連結起來。我們目前知道的顧客會員制就是在這種背景下應運而生。不過現在我們從亞馬遜無人商店Amazon Go及許多雜貨店的做法可以看出，便利性也可以成為說服顧客願意在實體商店提供身分資料的理由。

行銷活動資料。使用者對Google關鍵字廣告或橫幅廣告做出反應與點擊的資料通常會被當作一個參數傳送至目的地網站。在傳統的轉化率優化中，行銷人員都知道使用者後續的溝通訊息應該是回應促使使用者點擊廣告的訊息，純粹從實務的角度而言，這意味的是，行銷宣傳訊息及（或）折扣訊息往往會重複，使顧客不會懷疑你提供的優惠是否仍然有效。不過，顧客關閉瀏覽器後，這個資訊幾乎總是會被遺忘，但顧客對行銷宣傳訊息的點擊是很寶貴的資料，你應該蒐集這些資料供日後使用。

來自網站的行為資料。近年來，電子商務已經開始對那些把商品留在線上購物車裡的顧客發送電子郵件，這是不錯的點子，因為顧客往往會開啟多個瀏覽視窗（每個視窗就是一間網路商店），把相同商品放進購物車裡，用來比較加上運費、稅賦與服務費後的價格。如果顧客遲遲未對購物車中的商品採取後續行動，商店可以發送電子郵件提醒，並儲存購物車資料。

縱使顧客在未登入網站的狀態下做了這些動作，網站仍然有很多方法建立這樣的連結。若顧客點擊電子郵件裡的連結，網站就可以使用cookie來辨識顧客，而且零售商可以有相當大的把握推斷，未來從這個裝置前來的顧客行為很可能就是出自這位特定的顧客。

光是顧客的現身就透露很多資料：許多追蹤系統會儲存顧客使用的IP地址與他們可能身處世界的哪個角落。一些應用程式能夠連結IP地址和企業資料庫，判斷顧客來自什麼公司，這對B2B銷售極有幫助。

顧客的行為可以幫助我們洞察與推測一個顧客或潛在顧客的走向。

然而這些資料往往不是在網站上蒐集到的。別忘了，Google Analytics並不對外提供個人資料，它只顯示加總的統計資料，加總的資料可能對分析工作極有用處，但在和顧客進行一對一溝通時，你無法使用加總資料來幫助你產生一對一溝通，或是把溝通內容客製化。使用其他工具和方法，包括網頁標籤（page tagging）、封包偵測（packet sniffing）、日誌分析（log analysis），可以獲取個別訪客詳細的「點擊流」（clickstream）資料，這些資料複雜，而且可能很龐大，但有方法可以從中萃取出有用、可據以採取行動的洞察。（參見第三項修練對「序列偵測」的說明。）

來自客服中心及聊天室的資料。規模較大的公司通常有客服中心供顧客打電話進來，類似顧客關係管理的系統可以記錄這類資料，或許還包含記錄客服人員與顧客在電話上的交涉主題及處理結果等相關資訊。若公司有客服電話操作手冊，或許可以自動根據手冊的架構把客服電話加以分類。在許多情況下，可以根據打進來的顧客身分連結至系統中儲存的顧客電話號碼，也就連結這位顧客的個人檔案；若系統中沒有這些資料，電話客服人員就應該詢問顧客，並妥善的記錄資料。

顧客之所以打電話至客服中心，目的就是想獲得服務，期望能馬上解答他們的疑問。然而，從較長期的觀點來看，蒐集這些資料並放進公司的資料模型裡很有價值。哪些顧客曾經打電話至客服中心？他們打電話的目的是什麼？每個顧客多常打電話至客服中心？打完電話後，他們變得更滿意，還是更不滿意？客服電話交談內容也可以錄成音訊檔，成為公司非結構化資料的一部分。

聊天室裡的資訊也有類似的價值，例如，跟客服電話中取得的資料一樣，從聊天室裡取得的資料也不像購買資料那般結構化，它是文本形式，因此，匯總起來後，使用適當的工具與方法，可以從中發現關聯和相關性。

物聯網（來自裝置的資料）。如前所述，連線裝置快速增加，意味著有更多潛在的資料來源。以特斯拉（Tesla）為例，它打造的每一輛車，實質上就是加了四個輪子的電腦，每輛車都蒐集顧客的車速、位置、方向、周遭環境等詳細資訊。這些資料對提供自動駕駛能力而言十分必要，但也透露駕駛人很多資訊，包括住在哪裡、在哪裡工作、去哪裡購物等等。

情緒資料：顧客有什麼感覺？

行為資料與顧客表達的興趣可能會產生誤導，我們真正想知道的是顧客的想法及感覺，問題是，我們得有方法衡量並取得這些資料！縱使是最忠誠的顧客，也不可能允許你在他們的脖子裡植入晶片。所以，你有哪些選擇呢？

問卷調查。你可以詢問顧客的感想，這種做法愈來愈常見，尤其是電信公司。第五項修練會詳細談到，挪威跨國電信公司挪威電信（Telenor）的電話客服中心在每一次和顧客的互動中，都會詢問顧客有多大的意願向朋友或同事推薦挪威電信，如果顧客願意推薦，公司會再次聯繫他們，教導他們如何推薦。如果顧客不願意，公司則會詢問顧客不滿意的原因，嘗試進行補救。

情感分析（sentiment analysis）。情感分析指的是分析及研判一份針對某個主題的口頭或文字敘述所傳達的正面感受、負面感受、感到失望，或是感到興奮。實務上，你可以對收到的電子郵件或臉書訊息、推特與臉書上的公開貼文，以及問卷調查的回答進行情感分析。

不過要切記，情感分析可能很難辨識諷刺性質的內容，也可能對濃厚的諷刺只是做出字面意義的解讀。此外，使用簡單的關鍵字詞比對也不太可靠，例如對電信公司來說，提到「通話中斷」問題的顧客可能是在抱怨；但如果顧客說：「我從X電信換到你們Y電信後，通話中斷的情形就減少了。」這可能是在表達正面感想。情感分析應該包含大量的資料分析，第三項修練會有更多討論。

未來的資料蒐集。未來，仰賴人們在問卷調查中的反應或他們在社群媒體上的評論遠遠不夠。用日常生活的例子來比喻，我們可以說自己對顧客的數位肢體語言感興趣，我們愈善於破解他們的數位肢體語言，就會愈了解他們。

除了分析文本，已經有其他有效的方法可以幫助了解顧客言語背後的情緒。長久以來，保險公司對顧客的交談進行語音壓力分析（voice stress analysis），幫助偵測可能的詐欺保險理賠。這種技術也可以用來標記任何主題的談話錄音檔，或許某個顧客很有耐性而禮貌的向電話客服人員述說公司產品如何一再令人失望，但從語音壓力分析可以判斷，實際上這位言談客氣的顧客壓抑著滿腹怒火，因此公司很可能會失去這名顧客。

未來必定有更好的技術與能力去監測顧客的感受。現在逐漸被採用的穿戴式電腦裝置能發展得多廣值得觀察，若人們穿戴著感測器，而且生活周遭全都應用物聯網，那麼，基本上，我們就能監測顧客在看什麼，以及他們看到這些東西時的脈搏變化。這麼一來，我們就有很強的指標顯示他們對什麼東西感興趣，對什麼東西不感興趣，這樣的前景真是讓人既興奮又恐懼。

透過第三方增補資料

除了本身蒐集到的顧客資料，你也應該考慮到第三方的資料裡可能包含很大的價值。舉例而言，不少企業資料庫能提供營收、員工數及流動率等等企業資訊，增補你的資料庫，例如鄧白氏（Dun & Bradstreet）的資料庫。益博睿及其他類似的公司也能提供每個家庭地址的統計資訊。這些第三方資料不保證必定正確，但可以提供某個顧客的大致特質，這些是「隨機性資料」，應該好到足以讓你評估自己的顧客資料庫，研判你的行銷活動可以針對哪些顧客進行區隔。在欠缺個人層級的確定性資訊下，第三方資料能讓你審慎的做出「最佳推測」。

來自其他網站的「入市潛在顧客」資料*

如果你的網站流量很少，而你想利用訪客一般瀏覽網路的資料，該怎麼辦？如果一些足球迷顧客開始瀏覽某些網站，你能否從這些資料推測出應該是有個嬰兒要誕生了，並發送電子郵件向他們推銷嬰兒用品？理論上是有可能透過自有媒體生態系裡的資料管理平台（data management platform），根據第三方網站上的行為來整合隨機性資料。不過我們還沒有足夠運氣找到具體證據顯示已有公司這麼做，但預期不久的未來就會看到這種情形。

蒐集顧客資料

前文已經詳細探討可以蒐集的資料種類，不論是顧客提供的資料、從顧客行為蒐集到的資料，或是與顧客想法或感覺相關的資料。實務上，你要如何蒐集這些資料呢？蒐集資料之後，如何對它們做出最佳利用？在全通路世界，最好是在所有通路即時蒐集資料。

---

* 譯注：「入市潛在顧客」（in-market），指的是已經進入市場，準備要購買，或是具有購買意向的潛在顧客，一般使用英文名稱in-market audiences。

哪些產業的公司長久蒐集大量資料？

公司要蒐集多少顧客資料，最佳指標是這間公司的基本事業營運流程（例如帳單及會計作業）需要的資料量，而這意味的是，各家公司蒐集資料的方法有很大的差別。電信業及銀行業的公司有超大量且詳細的資料：電話、簡訊、資料流量等等；電信公司有每個帳號的資料，銀行業有每一筆交易、每一筆外幣兌換、每一筆匯市及股市交易的資料。再來是透過訂閱模式提供服務的公司，這些公司可以合理蒐集資料，因此在做資料分析時一開始有領先優勢，尤其是它們的服務本質上就涉及高度的顧客互動。

蒐集多年資料的壞處

蒐集資料之後，資料往往被儲存在組織裡的各個孤島，而且往往是在較老舊的平台，當要存取資料並和其他系統整合時，可能會遭遇技術上的困難。在這種組織可能會發現週末時系統被「關閉」，或是系統原先的開發者已經退休，這可能導致很難建立和推行任何全通路活動。當決定要推動全通路時，有很多老舊資料及系統的公司往往需要大舉投資。

蒐集顧客提供的資料

擁有超過5億用戶檔案的專業社交網路LinkedIn ，無疑是最善於促使用戶提供個人資料的公司之一。[1]LinkedIn用戶的個人檔案往往很詳盡，涵蓋個人技能、先前及現在任職的組織、履歷等等，而且，用戶可以製作貼文（如同臉書上的貼文），以及部落格（如同在Tumblr平台上的部落格）。

LinkedIn之所以能成功使所有用戶手動輸入自己的資料，主要有三個原因：

1. **創造提供資料的誘因：**撰寫與維持格式整齊、內含推薦及其他特色的履歷是很麻煩的人工流程，LinkedIn提供把所有資訊整理集合於一處的好處：讓用戶有更多接觸到獵人頭公司的機會。LinkedIn特別強調這點，讓用戶知道有多少人（及誰）在近期瀏覽他們的個人檔案。LinkedIn訴諸用戶的曝光需求或自我意識，作為激發他們更新履歷的誘因。
2. **使提供資料的流程便利容易：**縱使有輸入資訊的誘因，倘若提供資料的流程稍有不便，就可能構成行動阻礙，因此，LinkedIn非常注意它的介面，並且微調表格，使資料的提供更加便利容易。並非所有資料都必須一次蒐集完全，可以持續蒐集與累積。構想就是在每封電子報中詢問一個簡單問題，讓收件人只需要點擊就能作答。

當這個詢問的問題和電子報的主題相關時，這種方法最有成效。

3. **使用遊戲化手法來激勵用戶提供更多資料：**你可能看過一個百分比數字，顯示你的LinkedIn個人檔案完整度。「檔案完整度」（profile completeness）是借用遊戲化的一種訣竅，這是基於人類想完成事情的傾向。藉由顯示個人檔案只完成80%，並說明如何可以再完成5%，LinkedIn訴求的是人性本能，讓你把已經開始進行的事情做完。

蒐集提交資料的要領

下列清單是考慮蒐集由顧客提供資料時的要領，LinkedIn使用所有的要領，只有最後一項「使用誘因」除外，但這個方法非常普遍，絕大多數的會員制度都提供紅利點數來鼓勵顧客更投入。

- 讓顧客非常容易填寫資料
- 撰寫幫助頁面（help pages）供用戶參考
- 別一次要求所有資料，採用持續增補更新檔案的模式
- 請求顧客同意讓這份檔案和其他社群媒體的顧客檔案連結
- 使用遊戲化手法，鼓勵用戶提供更多資料

- 持續向顧客展示個人檔案，讓他們知道任何變動
- 考慮使用紅利點數、禮物，以及參加競賽之類的誘因

蒐集行為資料

雖然亞馬遜目前在實體商店領域的觸角仍然有限，從實體通路蒐集到的資料也很有限，但無人商店Amazon Go已經為實體商店蒐集資料的方式建立標準。

因此，我們就直接探討亞馬遜的方法吧。亞馬遜是如何蒐集與顧客有關的行為資料？傳統零售商店的先驅又怎麼做？

在顧客未登入時蒐集網站上的行為資料

假設你向用戶取得電子郵件行銷許可，但用戶沒有在網站上註冊登入帳號，有個辦法是，在用戶第一次透過你發出的電子郵件點擊連結至網站時使用cookie追蹤。這樣一來，你就可以相當準確的蒐集這個潛在顧客的行為資料。但別忘了，這些仍然是「隨機性資料」。

鼓勵登入

登入亞馬遜的帳號後，亞馬遜就可以確定你的身分，因此，當你開啟網頁時會呈現登入欄目。登入欄目的第二個建議

就是要你建立一個檔案。

登入帳號除了可以讓亞馬遜更確定你正在瀏覽網頁，在一個新裝置上登入帳號也可以讓公司有機會在各種裝置上更全面的了解你的行為。因此，如果你突然在另一支手機上登入時，他們會把兩條行為追蹤途徑連結在一起。

B2B公司在開發潛在客戶時也使用類似的方法：提供免費下載白皮書，以鼓勵潛在顧客提供身分資訊，接下來，這個裝置的整個使用行為史就會連結到正確的人身上。

保留登入帳號

登入亞馬遜帳號時，由於它有你的付款資訊設定，因此可以非常容易購買商品。即使你今天還沒準備好要買什麼東西，亞馬遜也會蒐集並儲存你今天造訪網站的行為資料，供你下次造訪時參考。

要做到這點很簡單：別再每次都要求顧客登入。如果你有敏感而需要保護的功能，可以利用多個安全區域，例如，讓顧客在網頁上保留登入帳號，當他們想購買時再輸入密碼。但別因為IT部門倡導更高的安全性，就讓肥美的點擊資料飛走了。

創造一種用戶喜愛、同時也能取得資料的服務

你也許不知道，亞馬遜擁有網路電影資料庫（Internet

Movie Database，簡稱IMDB）影片社群，IMDB擁有全球各地製作的大量影片資訊，它是電影愛好者的一個焦點，而且可以用來回答各種電影相關的疑問，例如：「這個男演員還演過哪些電影？」或「其他人對這部電影有什麼評價？」。

每當有用戶造訪IMDB.com時，亞馬遜就會取用這位用戶在網站上的行為資料，所以，如果亞馬遜根據你在IMDB的瀏覽史推薦產品給你時，你無須感到訝異。一個大品牌創建（或購買）一種為顧客創造價值的服務，同時蒐集顧客資料，這種做法並不罕見，IMDB只是其中一個例子。

一個更明顯的例子是耐吉（Nike）的Nike+服務，從跑步者社群起步，現在的Nike+應用程式提供訓練程式及虛擬訓練師。使用這項服務時，顧客和耐吉有更多互動，這個品牌與他們的訓練意志更強力連結，耐吉把蒐集到的資料用於產品開發及行銷。你可以閱讀耐吉的隱私權政策。[2]

實體商店的行為資料

本書撰寫之際，亞馬遜無人商店Amazon Go的數量還不多。縱使這類商店變得更為普遍，但想在店裡運用Amazon Go使用的工具，你可能會發現自己的財力負擔不起那些店內攝影機和人工智慧。所以，我們來看看店內蒐集資料的其他方法。

建立會員制蒐集資料。最常見的顧客購買行為資料蒐集方法是建立會員制度，最著名的例子是英國連鎖超市巨人特易購

（Tesco），它在1995年推出會員卡，多年來蒐集超過1300萬名忠誠使用會員卡的英國消費者資料。特易購會員卡以紅利點數的形式為會員提供1%的購物折扣，每季以禮券形式發放，讓會員可以在特易購商店與許多合作商店購買更多商品。

對特易購而言，這種方法的主要價值並非顧客為了1%折扣而購買更多商品，真正的價值是特易購從顧客每次購買中蒐集到的資料。分析這些資料可以提供發展業務的寶貴資訊。

使用顧客的手機來蒐集資料。英國連鎖超市惠羅氏讓店內資料蒐集更為精進。許多零售業者已經漸漸認知到，顧客皮夾裡快沒有空間放進更多的會員卡了，因此惠羅氏使用應用程式來取代實體會員卡。

顧客可以逐一掃描商品後放進購物車（或直接放進購物袋），然後直接結帳付款，無須把選購的商品交給結帳櫃員，也無須經過傳統的結帳流程，排隊等候結帳櫃員以人工作業的方式逐一掃描商品及包裝。

結合應用程式及信標技術可以蒐集顧客在鄰近商店、甚至在百貨商店內的準確位置，請見第一項修練有更多的討論。

行動的銷售點系統。你應該把店員納入蒐集資料策略裡，銷售點上的店員與顧客互動是蒐集資料的大好機會，尤其是顧客需要更多考量才能做出最終購買決策的產品。在這種情況下，店員和顧客可以在商討後做出一些初步選擇：基本上，就是一起把產品暫時放進購物車，而且連結至顧客的個人檔案。顧客可以回家後靜下心來做出最終決策，或許是詢問配偶或朋友的意見後才做決定。

宜家家居（IKEA）就這樣做，店員在公司推出的廚房應用程式上幫助顧客配置一個夢想中的廚房，把設計儲存在顧客的個人檔案裡，供顧客在後續的購買流程中存取。北歐家具公司寶麗雅（Bolia）也使用相同的方法，把一張或一套沙發的配置方法儲存在數位購物車，之後再提醒顧客。當然，這類服務轉化成實際購買的比例相當高。

這個趨勢愈來愈朝向顧客自助式服務，店員的時間則是用來為顧客提供引導及顧問服務。舉例而言，在Burberry的商店裡，銷售人員請顧客在iPad上提供身分資訊，接著根據顧客以往的購買紀錄（包括在店內及線上選擇的產品）進行討論，並提供諮詢。如果顧客當場決定購買，交易可以在店內的沙發上進行，顧客可以舒服的坐在沙發上享受顧問與服務。Burberry把商店布置成宛如在家使用筆記型電腦般舒適的購物體驗，你可以獲得專業服務與諮詢，也有機會試穿衣服後再決定購買。[3]

把資料蒐集內建在產品中

把資料蒐集內建在產品中的例子非常多。首先想到的當然是一些數位產品與服務，如Netflix、Spotify、Storytel等等，在這類數位產品與服務中蒐集資料是很自然的事，而這些資料也融入成為使用這些服務的一部分。不過，一些實體產品也可以蒐集資料，包括亞馬遜的電子閱讀器Kindle、Babolat Play的智慧型網球拍、特斯拉汽車，甚至維斯塔斯（Vestas）的風力系統。這些產品背後的品牌可以從顧客和產品的互動中汲取寶貴的洞察及知識，既可用於總體層級，又可用於個人層級。組織得有很高的成熟度，才能在產品中內建資料蒐集，並且把這些資料提供給行銷與溝通流程。

安德瑪的「Connected Fitness」產品系列也值得一提。安德瑪原本是傳統的服飾品牌，仰賴銷售商在顯眼位置陳列與銷售它的產品，但安德瑪發展及推出一項數位產品，得以直接接觸終端顧客，並直接從這些顧客蒐集資料，幫助它培養忠誠的品牌熱愛者。這一大群顧客和使用者社群成為創造營收的來源，因此安德瑪讓事業夥伴有機會贊助它為「Connected Fitness」社群會員舉辦的比賽。

來自其他組織的行為資料

消費性包裝產品品牌和顧客大部分的互動發生在經銷商或事業夥伴的生態系裡，因此，這些消費性包裝產品公司可能會發現，直接蒐集顧客資料的流程既困難且緩慢。與其加倍投資在自己擁有的顧客接觸點，更好的策略可能是直接和經銷商及事業夥伴合作，交換資料。迪士尼（Disney）就是一個例子，它在美國和電影院及零售商合作建立顧客檔案資料，蒐集顧客看什麼電影和購買什麼玩具的資料，使公司可以更快速蒐集到足夠的顧客資料，利用這些資料帶來效益。

蒐集顧客的情緒資料

有系統的蒐集顧客想法及感覺的好例子很少見。前文討論過公司可以使用情感分析來推測打電話至客服中心、使用聊天室及社群媒體的顧客有什麼想法及感覺。

除了安德瑪、飛比（Fitbit）、蘋果手錶（Apple Watch）以及其他穿戴式技術供應商外，我們看到多數國際上的例子都有一個缺點：只衡量和品牌積極對話或互動的顧客有什麼想法及感覺。這意味的是，大多數公司只透過和顧客的互動來蒐集情緒資料，或是直接詢問他們的感覺。

整合與儲存

從顧客身上蒐集到的資料十分重要，但如果不加以使用就毫無價值可言。第四項修練會詳細解釋你可以在和顧客進行一對一溝通時直接使用這些資料，創造更親近的體驗，強化溝通內容對顧客的重要性。如果資料來源和溝通的通路不同，自然就需要整合。一個通路是否知道另一個通路發生的事呢？實務上，一個通路多快得知另一個通路發生的事？整合和時間點突然變得非常重要。

數據孤島

現在，多數公司會在多種通路及媒體出現，例如，一家公司可能設立連鎖店、一個網站、一套應用程式、一個顧客俱樂部（會員）附帶電子報、一個臉書帳號，它也可能提供電話客服及聊天室客服。每一種通路既是溝通管道，也是資料來源。多數時候，一個通路蒐集到的資料可以用在同個通路的客製化訊息，但如果這些資料沒有和其他通路蒐集到的資料整合起來，就會形成數據孤島。

IT及財務孤島

在一般的大公司，每個通路通常會與自己的部門連結。財務部門要負責銷售資料，否則無法處理帳務。通常，資料存取及處理落到IT部門的頭上，由於資料被視為至關重要，因此對備份、存取安全性等等會有良好的控管與監視。但是，關於資料有沒有連結到個別顧客就沒那麼肯定了，因為帳務處理通常並不需要使用這些資料，也不須理會。

IT部門通常得負責確保企業資源規劃（ERP）系統運作順暢，而IT部門往往有伺服器來讓企業資源規劃系統運作，有些公司旗下的多個子公司及（或）事業單位會共用IT部門。如果公司歷經企業購併，或是有不同類型的商店（例如加盟店及直營店），那通常就不只有一套企業資源規劃系統，而是有幾套系統。

取代或合併多套企業資源規劃系統可能得花上幾年的時間，而且過程往往血淚交織。與此同時，整合資料供電子商務或行銷使用就不在優先要務清單裡，排序第一的是銷售及帳務，其他都是次要。

行銷部門及所有系統

行銷部門向來沒有太多資料，然而過去十年這種情況已經有了顯著改變。直到不久前，公司網站由IT部門負責還是相當普遍的情形，不過到了現在，十個公司網站有九個是由行銷部門負責，網站很可能仍然由IT部門維修，但行銷部門愈來愈頻繁參與公司網站的配置與發展。此外，行銷部門也負責發送電子報給顧客、在公司的臉書網頁上和顧客對話，可能也負責發展一套行動應用程式。

現在，來自顧客的壓力愈來愈大，關於公司應該要在哪些平台出現、出現的頻率有多高，公司內部也有期望。通常，要在新通路上出現，不論是發送電子報，還是登上最新的社交網路，都不困難，但很多公司往往在新通路的基本建置完成後，才會想到各通路的資料整合問題，此時往往為時已晚。例如，建置應用程式很便宜，卻沒有考慮和建立資料交換機制；電子郵件系統和IT部門也一樣，沒有時間幫助公司網站，因為它只忙著企業資源規劃系統的更新。

由於資料整合沒有排在優先要務上，因此，資料的使用往往無法達到最理想的情況。例如，一種相當常見的情況是，電子郵件內容的客製化只使用電子郵件系統裡既有的資料。又如組織偶爾以人工作業的方式匯入來自顧客關係管理系統、顧客俱樂部或網站的資料，供行銷活動使用，結果，除了普通的轉化率，沒能收到其他更好的成效。

資料整合困難會損害顧客體驗

如果IT、客服與行銷部門各有資料儲存系統，沒有具說服力的誘因去幫助彼此，就不會出現各系統的整合。顧客得到的體驗會是客服和行銷部門不知道顧客購買什麼，行銷部門也不知道顧客不滿意什麼，店員會在電子報有較優惠的交易時，提供顧客「還可以的交易條件」。IT和財務部門或許有優良的系統，但它們必須面臨的事實是，能夠登錄在系統裡的銷售紀錄愈來愈少，因為顧客不斷流失，被更加全通路導向的競爭者搶走了。

現代IT部門的資料庫

或許是因為歐盟實行「一般資料保護規範」，已經有愈來愈多的IT部門認知到必須整合企業所有的資料系統，因此，現在不少公司有資料庫（data warehouse），這是蒐集資料、並透過應用程式介面或企業服務來研究資料的系統。資料庫未必是為了行銷或分析而建立，但這比起實行「一般資料保護規範」前有更好的資料整合。

全通路整合與顧客檔案

在全通路情境中，IT部門幫助資料整合，讓行銷及客服部門可以在部門活動中使用。新的資料來源連結至一個存放所有顧客資料的中心，稱為「單一顧客概觀」（single customer view），或「顧客檔案」。

顧客檔案裡的資料對於公司在近期和顧客的互動相當重要，它並非從顧客身上蒐集到的全部資料，而是最重要的歷史互動、基本資料，以及購買歷史（大體上，就是統計資料），再加上更新、更動態的資料：這位顧客最近在網站上或電子報中讀了什麼內容？這位顧客和客服中心談了什麼事情？這位顧客目前的線上購物車裡有什麼商品？如果互動是發生在一個月前，它可能對近期的溝通及服務失去重要性。

除了這些簡單的資料，顧客檔案可能包含較複雜、推測性質的洞察，例如下一步最佳行動或顧客流失風險，這在第三項修練有更多討論。

內含所有行銷相關資料的完整顧客檔案資料，通常以分散的形式存放在公司使用的「行銷雲」（marketing cloud），或者可能儲存於現今所謂的「顧客資料平台」（customer data

圖2.2　顧客檔案

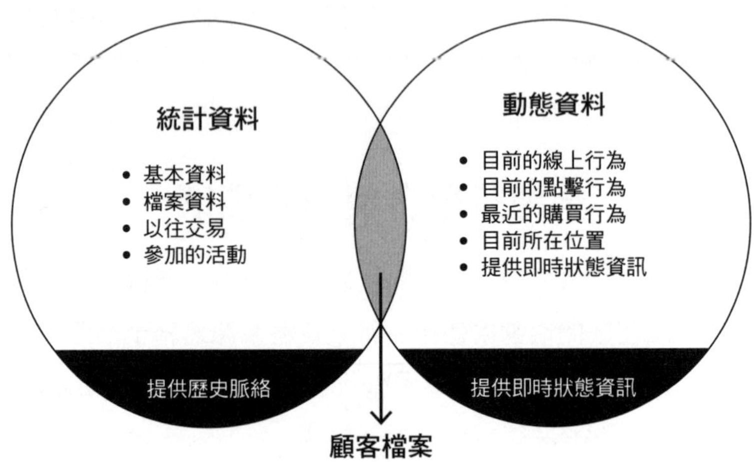

platform，簡稱CDP）或其他類似的平台上。

顧客資料平台

顧客資料平台是一個相當新型的系統，它是由行銷部門控管的資料平台，握有行銷人員所有需要的資料。這類平台可能掌握已知和未知顧客的資料，讓行銷人員能使用業務規則和人工智慧來建立與管理動態市場區隔（dynamic segments），再對溝通平台供應這些洞察。有些顧客資料平台實際上可能也是透過行銷宣傳活動和自動化溝通流程來進行溝通。

資料管理平台

雖然「資料管理平台」(data management platform，簡稱DMP)這個名稱可能會讓人以為類似資料庫或顧客資料平台，不過資料管理平台有些不同。資料管理平台與顧客資料平台有點類似，但它完全聚焦在優化付費媒體的使用。

資料管理平台可以整合來自第一方的資料來源(例如顧客關係管理系統、電子商務系統)的種種資料，再結合「入市潛在顧客」的資料來源，這是以種種方式擴增匿名的cookie受眾(cookie audiences)。

如何開始進行全通路的資料蒐集？

一個很好的起點是參考LinkedIn鼓勵顧客自行輸入資料的方法，以及參考亞馬遜及其他前瞻的零售業者如何從數位通路和實體商店蒐集顧客行為資料。在你的產品中內建資料蒐集，以及考慮透過問卷調查或先進的推測工具，有系統的蒐集顧客情緒資料，這些都是不錯的做法。

來自問卷調查、網站、電子郵件、顧客俱樂部等等的資料通常容易蒐集與整合，至少，如果你使用的工具不是各自為政的系統，而是為整合而建立的系統(包括資料的輸入和輸出都建立在整合的條件上)，就很容易做得到。

蒐集資料與儲存資料的法律問題

基本上，所有顧客資料都是個人資料，歐盟的消費者受到「一般資料保護規範」的保護，「加州消費者隱私法」保護加州消費者，加拿大有「反垃圾電子郵件法」，其他國家也存在類似的法律，在投入大數據蒐集的時候，你應該要考量當地的法律。

一般原則是，向顧客發送直接溝通訊息，以及儲存與處理他們的個人資料之前，你應該先徵得他們的同意，而且要明確告知你蒐集什麼資料，用於什麼用途。

個人資料可以區分為兩大類：

1. 一般資料
2. 敏感性的個人資料

一般資料包含識別資訊與姓名、職稱、交易、顧客關係等其他非敏感性的資料。當資訊公開給廣泛人士時就會被視為公開資訊，因此，你應該把發布在臉書或LinkedIn上的所有資料視為公開資訊，蒐集與使用這些資料是沒問題的。

敏感性的個人資料是種族、族裔、政治意見、宗教或哲學理念、工會會員、健康紀錄、性傾向、犯罪紀錄等等的資訊，與重大社會問題和家庭關係相關的資訊也都是敏感性資訊。

根據歐盟「一般資料保護規範」，顧客有權知道（透過要求）公司蒐集什麼資料，也有權要求公司刪除這些資料（或至少以匿名處理）。

截至本書撰寫之際，我們尚未看到被判決違反這些法規的公司，許多公司都被罰款的上限金額嚇壞了：罰款金額最高是公司4%的全球營收。

蒐集資料的成熟度

情緒資料可以提供與顧客體驗有關的深度觀點，卻未必是對公司最有助益的資料類型，但這並不表示放棄提供資料和行為資料是明智之舉。那麼，在蒐集資料這項修練領域做到什麼程度才算達到成熟的水準？

最高水準

在蒐集資料這項修練達到最高水準的公司，可以有系統的在面對顧客的所有活動（不論在實體通路或數位通路）中蒐集顧客提交的資料、顧客行為資料與顧客情緒資料，並且把蒐集到的所有資料集中處理。在這項修練做到最高水準的公司，每個顧客只有一個檔案，基本資料被整理成摘要，公司的其他系統或任何一個員工都能很容易存取。這些公司百分之百控管它們的隱私權政策以及和個人資料有關的法規。

圖2.3　蒐集資料的成熟度面貌

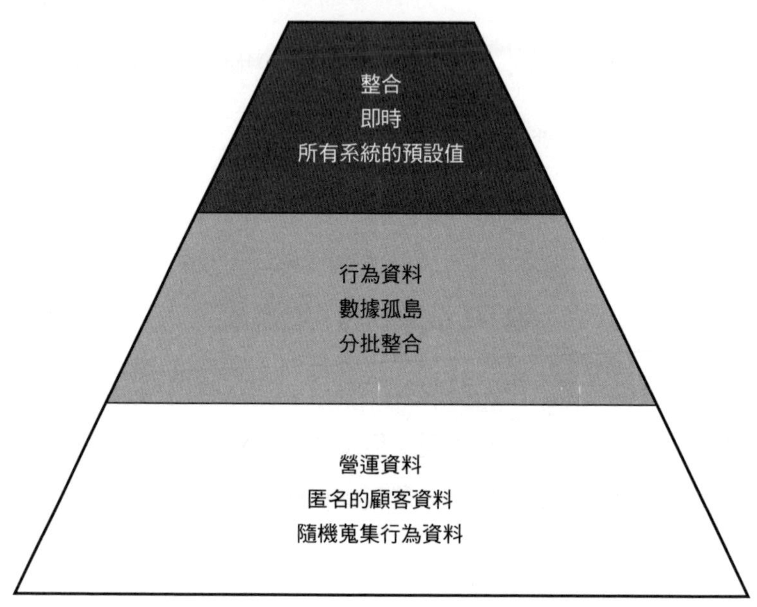

中等水準

在蒐集資料這項修練達到中等水準的公司，經常蒐集顧客提交的資料和顧客行為資料，而且這些資料會儲存在個別部門及單位。它們只在幾種通路（實體及數位）蒐集資料，但只有在組織部門或通路之間有低程度的資料整合，而且沒有集中處理所有的資料。這些資料整合最常以人工上傳檔案的方式執行，或是夜晚在各通路間批量傳送。

最低水準

在蒐集資料這項修練達到最低水準的公司，蒐集資料只是為了會計目的而保留資料，它們不會有系統的蒐集與顧客有關的各類型資料。它們蒐集到的行銷資料，不論是從問卷調查、網站或實體商店的購買紀錄中蒐集，通常並未連結到個別顧客，或是按個別顧客儲存，如果有資料連結至個別顧客也只是隨機發生，並不是源於公司優先要務中的規定。

你可以掃描以下條碼連結至網站上接受我們以全通路六邊形模型設計的測驗，評估公司執行全通路的水準（英文）：

OMNICHANNELFORBUSINESS.ORG

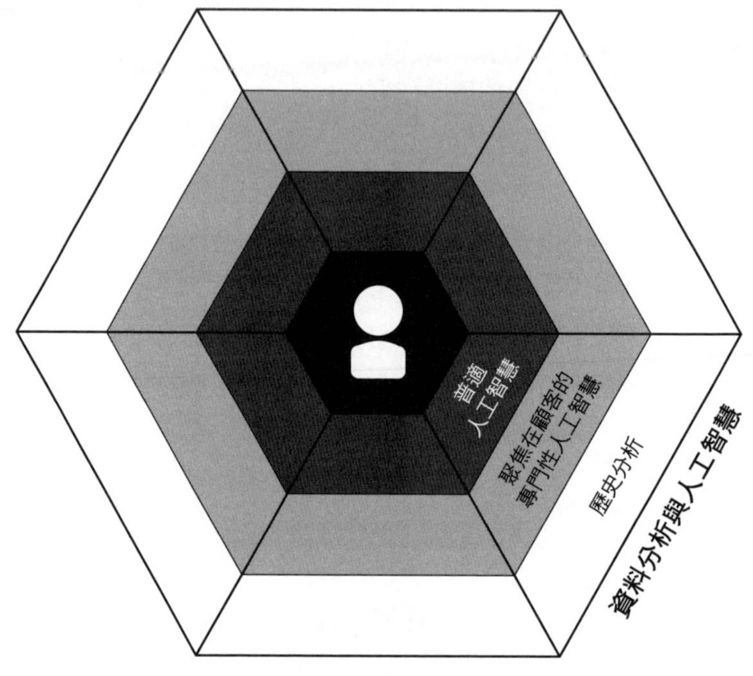
普適人工智慧
聚焦在顧客的專門性人工智慧
歷史分析
資料分析與人工智慧

第三項修練

資料分析與人工智慧

與顧客互動時，如果能直接存取顧客資料，對於採行客製化的互動方式相當有幫助，但你應該進一步加以分析，並善加利用人工智慧，這樣才能更往前邁進。你可以使用進階分析工具與方法來分析任何或所有可得的資料，藉此獲得和顧客互動時可以或應該採取行動的務實建議或明確指示。

馬丁任職於有聲書和電子書公司Storytel，負責領導一個快速成長中的資料分析部門。Storytel的顧客只要繳交固定月費就可以無限量閱讀有聲書和電子書。Storytel目前的顧客人數已經超過70萬，而且還在持續快速成長，因此它取得大量資料，而每一次的數位互動都會按照個別顧客記錄下來。

馬丁在這家公司進行的第一批專案是發展與建立「書籍評分」，主要用於研判適合每位顧客的書籍，它考量的不僅是書籍與顧客的契合度，也包含篇幅長短、成本與其他因素，這種做法除了能顯著降低成本，也足以提高顧客忠誠度。比起顧客自行尋找書籍，他們更可能讀完選自這些推薦書籍中的書。因此從那時起，資料分析便成為Storytel事業經營的重要部分。

現在，對於公司的分析規劃之旅，馬丁展開下一步工作。他的團隊已經針對人們使用APP的不同方式做了初步的群集分析（clustering），接著，他們使用演算法來了解群集中的不同資料點，透過這些資料，他們就能辨識和分類服務的使用情形。其中有個資料群集清楚顯示，人們在通勤時段和行進時會重度使用電子書或有聲書；另一個資料群集則顯示，人們在晚上閱讀電子書或聆聽有聲書的時間較長；還有一個資料群集是只在睡前使用APP朗讀童書給五到十歲小孩聽的人。

馬丁指示團隊持續對所有顧客進行評分，標記（tagging）最相似的客群，並根據這個洞察充實自動系統裡每位顧客的紀錄。藉由這種做法，顧客關係管理團隊就能變得更加迎合顧客的需求。

下一項大型專案則是使用資料分析來辨識每位顧客的「下一步最佳行動」（next best action）。資料將會匯總出與個別顧客溝通或為他們做的事情的廣泛意見，演算法也會告訴公司，維持高顧客滿意度和低訂閱取消率的下一步最佳行動。

Storytel針對個別顧客量身打造溝通與服務的能力不僅源於蒐集和儲存原始資料，也源於運用進階分析方法，讓公司除了獲得詳細了解每位顧客所需要的洞察，也得以準確預料顧客的喜好與渴望。

公司可以使用進階分析和人工智慧、從複雜的資料中萃取洞察與遠見並加以應用，這些資訊還能驅動客製化並進行適當的溝通，使用關鍵績效指標（KPIs，參見第五項修練）、數據儀表板、預測等工具的傳統分析則無法做到這種層次。不過，想要嘗試使用這種分析技術的行銷長所面臨的挑戰是：了解這類分析技術使用在哪些方面最能提升公司的行銷成效，以及如何在營運中對這類分析技術做出最佳部署。

本項修練旨在揭開相關技術與方法的神祕面紗，幫助你了解它們能為行銷人員提供的能力，和想像它們能如何提高行銷工作的價值。我們會指引你規劃採用人工智慧和進階分析的方法來提高成功的可能性，並快速獲得效益，也會詳細討論如何使用我們介紹的方法來改造傳統的行銷工作。最後，我們會展望未來：在這個快速發展中的領域，未來是屬於有想像力與遠見的組織！

我們深知資料分析與人工智慧可能是行銷人員最不熟悉的一項修練，因此我們也會用更多的說明來加強印象，藉此幫助讀者更加了解。

大數據帶來的影響

人工智慧和進階分析的諸多方法早已存在數十年，但以往大部分時間只有相當少數有遠見的人和早期採用者加以使用。

大約在2010年左右，「大數據」開始變得流行，許多過去從未認真思考改造組織為資料導向可能開啟多少機會的人，因為大數據而點燃想像力。雖然「大數據」並沒有一個大家共同接受的定義，只是寬鬆的以資料的數量、種類、速度與精確性來定義，但高階主管已經理解到他們的資料資產擁有巨大的潛力。於是，有史以來首次有許多高階主管敞開心胸，為了開發這項潛力而投資這些技術與方案。

儘管這無疑是件好事，但問題是，這些高階主管與他們指派進行研擬和推動大數據專案的負責人與團隊，大多不怎麼了解要如何產生這些價值。在充斥著天花亂墜宣傳的市場上，推銷資料管理和分析工具的供應商會建議潛在客戶：「只要潛入資料湖泊裡，你就能發現寶貴的洞察，並改造你的事業！」然而這種推銷之詞忽視資料分析專家早已熟知多年的事實：在任何一個資料集裡，絕大多數的型態和相關性根本沒有顯著的商業價值。

有許多早期採用者被誤導而埋首資料中，導致他們在初期專案未能帶來顯著價值（或任何價值）下憧憬破滅。至於其他採用資料分析專家已經成功使用的方法的公司，成效就會比較好，它們了解資料分析必須要有明確的業務目標作為導向，而這個流程包括：

- 找出可以改善哪些成果，藉此幫助達成目標
- 考慮必須優化哪些決策，藉此改善這些成果
- 辨析哪些分析方法能幫助優化這些決策
- 了解這些分析中應該使用什麼資料

這種以業務目標為導向的方法聚焦在遞送價值和評量價值的步驟，這是在大數據時代的成功基礎。

大數據和下一波潮流（人工智慧）無縫接軌。人工智慧包含以資料為基礎的大數據分析技術，同時也促成更廣泛的可能

性：在事業營運中加入機器智慧。不過，公司仍然相當容易開啟資料導向的專案，但最終卻演變成「科學專案」，無法創造實質價值，只是徒留失望。專案應該總是聚焦在業務需求上，以行銷業務而言，就是在顧客生命週期的所有階段都能產生最好的成果。在採用人工智慧技術方面踏出第一步時，這是你必須牢記的一點。

人工智慧

人工智慧並非新興的領域，1950年代就已經有研究人員在研究。人工智慧的高層次定義十分簡單：如果一部電腦能做人類做得到並且是我們認為「有智慧」的事，那麼這部電腦就在展現人工智慧。

人工智慧涵蓋很多範圍，包括機器人、機器視覺、自然語言處理與合成、規劃、解決問題等等。現今多數人工智慧應用程式的核心是「機器學習」，這是一個概括各種演算法的綜合名詞，這些演算法能鑽研歷史資料、弄清楚發生哪些事情，並應用它們的發現，正確穩健的評估現在和未來的情況。

機器學習對行銷非常有幫助。由於現在消費者生成的資料量龐大而複雜，人類行銷人員不可能成功從這些巨量資料中「學習」顯示顧客喜好的動態模式與可能的行為，因而必須仰賴人工智慧的協助。

各種分析

行銷部門向來會鑽研資料，因此我們不該將具有機器學習能力的人工智慧想成一種和行銷人員早已在做的分析工作獨立區分開來的事物，最好是將資料分析想成一種逐漸演變的方法、技巧與技術，而傳統的分析將會與進階分析和人工智慧無縫接軌。

描述性分析（descriptive analytics）包括傳統統計學，但它在商業中可能涉及在試算表上計算、查詢資料庫、產生商業智慧與數據儀表板，而這些全都提供「後見之明」的觀點：回顧截至目前為止發生的事。商業智慧經常會把資料總合成關鍵績效指標，再由使用者透過人為的方式進行深入探究，期望可以從中找出相關的型態。

視覺化工具也可以視為描述性分析的一個層面，因為它們能幫助探索與了解目前或歷史的資料。從簡單、靜態的圖表（可由試算表得出的圓形圖、直方圖等），到高度互動且動態展現的多維度資料，皆屬視覺化的範圍，它能讓你穿梭其中，感受如同虛擬實境般的體驗。

前瞻分析（forward-looking analysis）並不是新技術，到目前為止它主要涉及的是預測，這是一種根據以往趨勢與型態為主的「總體層級」預測方法：營收、獲利、顧客留存率等等朝什麼方向發展？這種預測可以提供概括性的了解，有助於整體規劃，但無助於客製化溝通與互動所需要的詳細資訊。

預測性分析也是從歷史資料著手，不過機器學習演算法會自動探索資料，找出和特定商業結果有關的型態與關係，例如一位顧客購買某類產品的傾向。這些型態是行銷人員可以使用的洞察，而演算法也會產生可以直接採取行動的「模型」，模型能夠評估任何現狀或是全新情況，並自動預測結果，至於預測模型所得出每個情況的簡單評估通常是代表一種傾向或評分。此外，這類模型也可以用來作為預測的基礎，例如將預測每位顧客流失的風險進行加總後，可用於代表對總體趨勢的預測。儘管不同於以往「總體層級」的分析方法，現在的預測模型讓使用者得以針對一個整體數字，亦即有效的「關鍵績效預測」（key performance predictor, KPP）進行深入的鑽研，藉此觀察一個群體或個人的預測結果。

指示性分析（prescriptive analytics）會把一個預測模型產生的結果（例如代表一個預測結果發生可能性的「評分」）轉化成一個可直接行動的決策，做法是把這個評分結合商業邏輯，藉此決定每個情況的最佳做法。（例如是否推出行銷活動？應該推薦什麼商品？以及應該採用哪個通路？）

由於預測性分析和指示性分析都仰賴機器學習，因此可以將它們視為人工智慧的範疇。我們在書中通常只用「人工智慧」這個詞來概括代表這些進階的分析。

進階分析（advanced analysis，其實指的是演變而成的整個技術）可應用在任何擁有資料的產業領域（風險、財務、網路規劃、營運、供應鏈等等），只要透過分析，便能在決策中注入智慧，得出更好的結果。即使是和行銷有關的應用領域也很廣泛：銷售分析、行銷組合歸因與規劃（marketing mix attribution and planning）、品項規劃（assortment planning）等等，全都可以應用進階分析和機器學習來進行改造。不過，本書聚焦在討論哪些工具與方法能幫助你更加貼近個別顧客。

這個修練我們會經常用到「使用案例」（use case）這個詞，這是指單一特定的人工智慧應用。例如，一家公司可能選擇「向高價值顧客交叉銷售X產品」和「提高使用尊榮支援服務的顧客留存率」這兩個項目作為初步的人工智慧使用案例。

應用資料分析的原則

分析能力很重要，但應用的方法也很重要。當我們邁入人工智慧和機器學習的時代，看到「資料科學家」之類的新工作誕生時，很容易會以為正確的開始方式就是提供資料給數學家或統計學家，並讓他們施展魔法。請切記以下兩點：

- 切勿盲目的應用技術，而一味的將資料餵給智能演算系統，縱使是雇用聰明的技術專家來餵資料也不行。應該要遵循有條不紊且系統性的方法來進行分析。
- 這並非只是一項技術性質的工作，請務必融入商業知識。單純將資料丟給技術專家可能會得出以技術上而言優秀的分析，但卻忽視微妙難察且重要的商業考量。行銷人員必須親自參與分析工作，或是成為密切配合團隊的一員，在專案的所有步驟中與技術分析專家共同合作。

最重要的是，請切記，專案必須以業務需求和目標為導向，而專案成功與否的真正指標就是業務成果的改善。

人工智慧能力：演算法與模型

你可以透過模型將人工智慧應用在行銷上，當模型接收到資料，例如某位顧客的特質，就會使用這些資料得出一種或多種結果，例如最可能迎合這位顧客的產品，或是這位顧客對某個特惠報價動心的傾向等等。

機器學習演算法則是根據對歷史資料的分析創造出模型，這些模型會藉由日後顧客行為與喜好變化所提供的最新資料再學習，進而做出更新。演算法的種類很多，但我們並不打算考量這些技術細節，我們關心的是你的行銷客製化目標，以及人工智慧可以怎麼幫助你達成這些目標。當然，這其中的核心是，你想了解你的顧客：你的市場或客群有哪些區隔？有什麼特徵和檔案資料可以用來區別每位顧客，讓你能將他們都視為各具特色的個體？這是跟**「誰」（who?）**有關的基本疑問，而針對每位顧客，你需要了解：

- **什麼？（what）**他們對什麼訊息有反應？他們會購買什麼產品？怎樣的溝通內容最能有效吸引他們到商店購買？
- **如何？（how）**他們選擇如何和你互動，亦即他們透過什麼通路和你互動？如果他們購買的是服務型產品，他們如何使用？他們如何付款？
- **何時？（when）**他們偏好何時與你互動？他們在一天當中的哪個時間最能接受你的溝通訊息？長期來看，他們何時移動至顧客生命週期的不同階段，而在他們的購買旅程中，哪些點對你而言最為關鍵？

因此，對人工智慧演算法與模型的重要考量是它們提供的能力，和這些能力能否回答與「誰？」、「什麼？」、「如何？」和「何時？」有關的疑問，並幫助你驅動一個以顧客為中心的事業。以下是人工智慧模型與演算法的主要能力，它對你的行銷活動有直接的助益：

- **分類（classification）**可以幫助你做出區別。例如區別產品的購買者與非購買者。你可以用它來預測誰會購買（或不購買），分類演算法也可能會產生典型的購買者和非購買者大致的樣貌，而這些資料是最能區別的特徵。

  實例：瑪麗有項工作是為銀行新推出的理財產品撰寫行

銷宣傳內容，當她檢視使用測試行銷結果建立的分類模型時，馬上注意到可能回應者的兩個樣貌：一個描繪的是年長而富裕的保守型顧客，另一個則是薪資存款在過去三年已超過平均水準且經常購買高價商品的年輕顧客。於是，她撰寫兩份行銷資訊：針對前者，她強調保障和財富穩健成長的信心；針對後者，她強調創新的投資策略，和高獲利的潛力。

- **評分（scoring）**可以預測某件事發生的可能性：一位顧客可能的回應、是否購買、是否終止使用一項服務等等。雖然就某種程度而言，這與分類工作相同，但它會針對每位顧客或每種情況給出一個評分，供你做出相關的決策，例如對顧客排序並進行比較。以Storytel的「書籍評分」為例，許多書籍可能都適合某位讀者，但在對它們進行評分後，Storytel就能確保只向這位讀者做出最合適的書籍推薦。

  實例：電話客服中心客服員莎拉接到一位生氣的訂戶西蒙的電話，西蒙怒氣沖沖的抱怨這家公司讓他感覺很糟糕，莎拉將他的抱怨記錄下來，而當她每次敲擊「返回」鍵時，就會看到西蒙的顧客流失率（亦即終止和公司往來）評分升高，一路從原先溫和的綠色0.35分，快速飆升至告急的紅色0.87分。於是，她深吸一口氣，準備提出一些吸引人的優惠補償方案來挽留這位顧客。

- **群集或自動市場區隔（auto-segmentation）**演算法可以

幫助你辨識「自然產生的」客群，並描繪出這些群集的樣貌。第四項修練會談到，網路花店Interflora使用人們附上的賀卡內容，來辨識不同類型的訊息隱含的不同情境，群集演算法會辨識出針對相同事件而撰寫的卡片內容，再歸類為同一個群集。Storytel則是應用這種類型的演算法來辨識以特定方式使用服務的族群，例如通勤族、夜間閱讀的族群、童書讀者等等。由於這能為行銷的市場區隔帶來真正的改變，因此我們在後面會專門以一節進行討論。

- **關聯分析（association analysis）**可以辨識出往往會同時發生的項目，這經常應用在辨識出一起購買的商品，因而時常稱為「購物車分析」（basket analysis）。這種分析可能產出像「當一起購買A產品和B產品時，購買C產品的可能性為72%」這樣的規則。你可以使用這個方法作為交叉銷售推薦的基礎，但這裡要強調的一點是，這種關聯性分析的資料基礎不僅限於單一交易購買的產品，它也可以檢視這位顧客購買的所有產品。

  實例：英格麗的團隊剛收到上星期實體商店的銷售關聯分析報告，在研究之後，她注意到一個很強的關聯性：購買兩件以上全新炸蔬菜片系列產品的顧客當中，有許多也購買自有品牌的魚類或海鮮沾醬。英格麗知道系統會自動使用這項資訊，發送魚類沾醬的折價券給最近購買炸蔬菜片的會員，因此她立刻發出一封電子郵件給商店與貨架空間規劃師，建議他們將炸蔬菜片和沾醬明顯陳列在一起。

- **序列偵測（sequence detection）**與關聯分析類似，但它辨識的是一堆商品或一系列事件在一段期間的發生順序。這類演算法能夠偵測出產生良好結果（例如購買或升級）的型態，使你得以建立通往好成果的「捷徑」，或是辨識出導向壞結果（例如取消合約）的路徑，並設法避開這些路徑。它可以用在很多領域，例如辨識引領顧客至購買網站的造訪路徑，或是發出早期警訊（例如顧客終止使用某項服務）的序列事件。

  實例：伊格在一家航空公司的會員服務部門任職，部門的分析師第一次將序列偵測演算法應用在飛行常客資料上，而他們獲得的發現是，申請升等艙位遭拒、而且在接下來一個月內遭遇兩次班機嚴重延遲的黃金會員會在之後突然減少消費，伊格猜想他們應該是選擇別家航空公司。於是，伊格與主管討論，並說服主管，每當偵測到這種型態時他們就應該插手，並立刻寄出艙位升等券給這類黃金會員。結果，這種做法成效卓著，留下來的黃金會員在公司的消費明顯回升。

- **預測（forecasting）**或**估計（estimation）**會針對未來即將發生的某件事提供一個預測數值，例如一位顧客會在一項新產品或服務上的消費量，或是顧客終身價值。它往往會結合其他的預測來做決策，例如，在可能接受信用卡升級的顧客當中，哪些顧客會顯示出讓公司獲利最多的消費？如前所述，把個別估計加總起來後，就能得出傳統「總體」層級的預測，提供預料事業未來趨勢的關鍵績效預測（KPPs，參見第五項修練）。

實例：在銀行業，學生顧客得到的待遇最差，而且獲得服務的排序也最低，這是因為他們對銀行的營收與獲利貢獻極低，因此銀行普遍認為無須浪費時間與金錢照顧他們。然而，某家銀行的顧客分析團隊推出一個預測顧客價值模型，這個團隊使用歷史資料發現這個模型能準確估計顧客未來十年的價值。這家銀行將這套模型應用在學生帳戶持有人身上後發現，儘管許多學生在可預見的未來確實持續處於貧窮狀態，但其他學生會在十年內變成高獲利的顧客。於是，根據這項洞察，銀行立刻開始打造特殊產品，提供給那些預期未來會帶來高獲利的學生。

事實上，實際用於執行工作的演算法往往不重要，我們應該將它們視為有用的工具，而不是把它們當成技術優異、能自動解決世界上問題（或至少是行銷問題）的萬靈丹。不過有時在特定的使用案例中，某些演算法在特定層面的確很合用或實用。為了說明這點，讓我們來了解演算法兩個不同的特性：一是**不透明性**（**opacity**，演算法產生的模型像「黑盒子」，很難或不可能了解內部運作），另一個則是**精細度**（**granularity**，模型能夠區別個案的程度）。

人工神經網路（neural network）模型和決策樹（decision tree）模型都可用來評分。人工神經網路模型是模仿腦部的運作，透過一個「神經元」網路來傳播價值。它們在模仿人類下意識決策的應用領域特別有成效，例如影像處理與型態辨識；不過，它們在行銷領域也有用處，因為它們能產生一個連續系列的評分，因而足以做到細緻的個人區別。然而，人工神經網路模型的不透明性有時會被視為一項缺點，因為它難以明確了解人腦中的神經網路如何達成決策。圖3.1為人工神經網路模型預測一位顧客對溝通訊息做出回應的傾向。

決策樹則是以樹狀架構得出決策的模型，它會在每一個分枝點檢驗一個特性，藉此決定要往哪一條分枝前進，它所得出的決策則稱為一片「葉子」，代表的是一個結果與（或）評分。決策樹模型的優點是相當容易判讀與了解，然而由於得出相同「葉子」的所有案例都將獲得相同的評分，因此決策樹模型會產生一種並不精細的「塊狀」評分分配，而被歸類為同個塊狀的所有案例彼此之間也沒有區別。圖3.2描繪的決策樹模型辨識可能對溝通訊息做出回應與不回應的人，而且同樣也得出一個評分（虛線代表還有更次級的決策樹並未在此呈現）。

總之，人工神經網路模型可以做到精細區別，但高度不透明；決策樹模型具有高透明性，但缺乏精細度。如果你想要兼具精細度和高透明性，應該採取什麼做法？一個方法是使用這兩種模型：使用能做到精細評分的人工神經網路模型來得出最

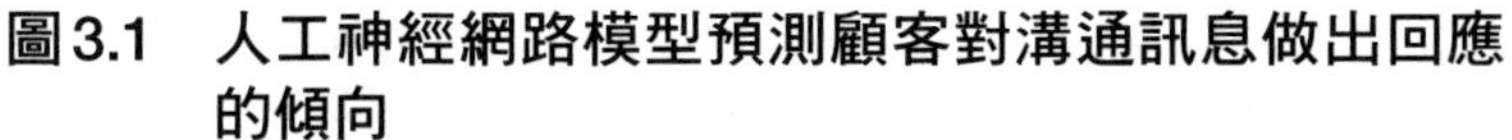

圖3.1　人工神經網路模型預測顧客對溝通訊息做出回應的傾向

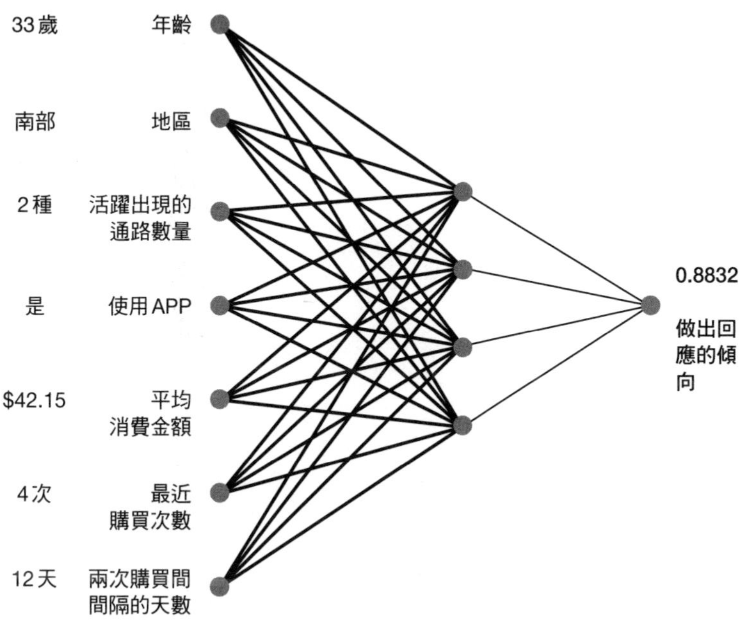

理想的行銷活動，並使用決策樹模型或其他規則型的模型（例如訓練用於分類的模型，而非評分的模型）來了解左右顧客對溝通訊息是否做出回應的可能因素。其他進階方法包括拿人工神經網路模型得出的結果來訓練某個決策樹模型（而非使用歷史的回應資料來訓練），如此便能幫助了解人工神經網路模型如何得出決策，亦即消除或降低人工神經網路模型的不透明性。

圖3.2 決策樹模型辨識顧客對溝通訊息的回應

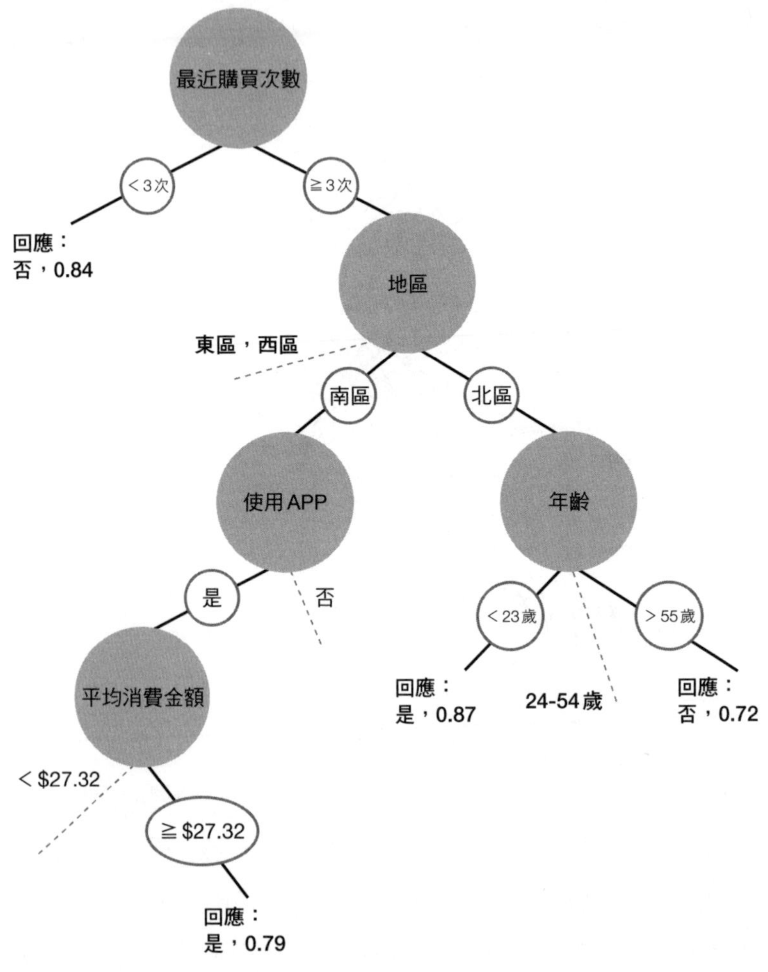

評估演算法模型的成效：預測過去

我們要如何確定一種演算法已經成功的「學習」，並產生可以做出準確、可靠且有價值的產品推薦模型？傳統的統計學（還記得以前上過的統計課嗎？）總是假設分析的資料是世界所有現象中一個很小的子集，這意味的是，你必須花很多心力去得出理論上的信心度評估，並以此來估計統計模型的準確度和可靠度。但在資料充沛的現今世界鮮少存在資料不足的問題，藉由使用大量且全面的資料來實際檢驗機器學習模型的成效，通常便能得出更加確切且詳細的相關資訊。

這源於一個可能聽起來會令人覺得相當古怪的人工智慧預測模型能力：人工智慧預測模型不僅能夠預測未來，也可以「預測」過去。換言之，我們可以拿機器學習演算法沒見過的歷史資料來檢驗預測模型，這實際上就是讓預測模型去執行一種「若……，會怎樣？」的模擬，由於使用的是歷史資料，你已經知道結果，因此你便能看出預測模型是否可以準確加以預測。舉例來說，你有五年的歷史資料，你可能是使用前三年的歷史資料來建構出預測模型，那麼你就可以用其餘兩年的歷史資料來檢驗這個模型的表現，例如：它正確預測多少東西的購買？它正確辨識出可能流失的顧客有多少？如果你套上事業績效指標，例如，從財務的角度而言，增加的銷售量或提高的顧客留存率意味著什麼，你就能擁有堅實的商業案例作為採取行動的後盾，而得以在你的行銷中納入分析推薦。

了解模型得出的洞察

如前所述，有些類型的模型並不透明，儘管檢驗模型的成效時，如果有達到能讓你對它們的準確度擁有信心的程度，通常就已經夠好了（有多少人會憂心搭乘的飛機所配備的自動駕駛功能呢？），但在很多情況下，你會想更加了解這些模型的決策根據。你可能會想了解這些模型透過「學習」獲得的哪些洞察能幫助你更加了解顧客，並能啟發你研擬與顧客的溝通訊息、內容與產品推薦。

這就是機器智慧和人類知識結合之處。行銷人員可以從模型得出的大量洞察中辨識出最有趣、最有潛力幫助推動行銷活動的那些洞察，人類知識也非常有助於解讀看似奇怪或反直覺的模型發現。幾年前，本書其中一個作者輔導一家B2B公司，這家公司執行一項專案，內容是想區分會對一項每年兩次的行銷活動做出回應的人。結果，演算法發現那些不太可能做出回應的人都有一些特徵，當中最明顯的一項特徵是他們的個人檔案中婚姻狀態不明。分析人員對此感到困惑，並試圖了解其中的含義，他們猜想，也許詢問顧客的婚姻狀態會導致他們過於沮喪，因而生氣而不願再對任何推薦行銷做出回應。然而，當他們向行銷經理提出這項發現時，行銷經理馬上就明白背後代表的意義。原因就在於這家公司是從三年前才開始蒐集「婚姻狀態」這項資料，而從那時起，它要求員工無論在哪個顧客接觸點（例如顧客撥打客服熱線電話時）都要詢問這項資料，藉此增加這項資訊。所以，「婚姻狀態不明」其實指的是「我們和這位顧客已經至少三年沒有聯繫」，這也顯示模型預測這些顧客「不太可能做出回應」有其道理。即使資料中並沒有欄位標示已多久沒和這位顧客聯繫，但機器學習演算法把這項資料當成這個重要特徵的良好代理變數。

在採用演算法分析模型的早期階段，可了解的洞察扮演著重要的角色；向那些對分析模型抱持懷疑的人展示演算法正在學習具有重要含義的事物，能幫助他們對這項技術建立信心。不過，縱使展示模型辨識出已知的事實，或是確認被廣為相信的假設，因而有助於提高人們對這個模型的信心，懷疑的人可能還是不理會這項證據（「這有什麼價值？它說的是我們已經知道的東西！」），因為簡單的發現（例如，上個春季購買短袖襯衫的傾向提高）可能會被認為無足輕重。對此，一個好方法是挑選一個足夠複雜的行為樣貌（容易了解、但並非行銷人員使用簡單的經驗法則可以解釋的行為），接著擷取吻合這個行為樣貌的所有資料，再讓模型得出明確的洞察，例如：有這種行為樣貌的顧客，其回應率遠高於所有顧客群的回應率。

偏誤的危險性

在特定情況下，人類的決策往往會偏向特定結果，這種現象就稱為「偏誤」。機器學習演算法是從資料中進行學習，雖然資料可能被視為是事實，而且客觀，但實際上在挑選和提出資料時，可能就隱含人類的偏誤面向，而這將導致模型產生的結果內含人類的偏誤。因此，在法律與就業之類的領域，設計不當的模型可能就會加深種族或性別歧見。

在行銷領域，偏誤不太可能導致如此嚴重的後果，但仍有所影響。我們可能會將機器學習應用在以往行銷活動的資料上，希望藉此改善行銷精準度，以獲致良好的行銷結果並達到高成效。但仔細思考，這麼做其實是在局限演算法學習如何做我們已經在做的事，只不過是謀求將它們做得「更好」罷了（所謂「更好」，是指能夠擴大規模、並具有更高的準確度與正確率）。這也是一種偏誤，因為我們限縮演算法的視野，以致於它們只考慮我們的現有作為範疇。如此一來，模型可能會加深和擴大現行行銷策略中的任何瑕疵，因為用以訓練它們的資料本身就是基於已經在做的行銷活動，而非潛在可行的種種行銷戰術。

那麼究竟該怎麼辦？最重要的是，你必須對此有所認知，並慎防只會永久延續目前實務的資料。聚焦在你的成功，並試圖微調以往已經在做的事，這或許能帶來不錯的收穫，但這是否會導致你錯失其他的商機？

一個好方法是去進行更多的實驗和檢驗。你可以從你的標準行銷對象客群之外，挑選一個樣本顧客群，並發送你的推薦行銷，再將他們的反應加入你用來訓練人工智慧模型的資料，讓它學習在未來的挑選中包含這類潛在的回應者。你也可以將這種流程延伸至模型的持續學習中：如果你發送推薦行銷給非模型瞄準的一個樣本顧客群，並且將他們的回應納入你餵給模型的資料，這個模型就有機會學習修正它的錯誤否定值和錯誤肯定值。

你想做多少實驗就做多少。當你推展一個新的行銷方案時，不要從你的標準行銷對象客群著手，應該先考慮對隨機樣本顧客群進行測試，讓人工智慧模型從沒有偏誤的資料開始學習，藉此觀察你的行銷在何處是否可行。

用機器學習來進行市場區隔

在可以使用的人工智慧和資料分析方法如此廣泛的情況下，你如何使用它們來達到特定的行銷目的？為了對此有更好的了解，我們就來深入探討一項傳統的行銷工作：市場區隔。

傳統的市場區隔工作涉及辨識可用簡單的特徵或行為規則來區分不同族群或區隔，而各種市場區隔的定義來自行銷人員的假設，它可能是以高層次與（或）品質的市場分析為根據。

問題是，這種以假設為基礎的方法提供的是一個「一廂情願」的市場區隔模型，未必具有事實根據。縱使這個市場區隔模型良好且實用，但由於現代世界的消費者行為與喜好快速變化，這不僅意味著個人經常在各種市場區隔之間漂移，也意味著市場區隔的定義變得過時，而且愈來愈不符現實。

機器學習能促成一種資料導向的方法，它使用群集演算法（clustering algorithms），並客觀的根據實際資料來自動產生市場區隔模型。為了行文的明晰，我們稱此為「自動市場區隔」（auto-segmentation），這就是本項修練開頭敘述馬丁的團隊在Storytel所做的群集分析。

群集演算法可以使用資料的任何子集，例如，對顧客的分群標準可能是按照描述性屬性或行為、或是結合兩者來分群，而演算法自動發現的每一個群集都可視為一個區隔的客群。

如同本項修練開頭敘述的Storytel案例，發現這些群集的特性能幫助你獲得與每個群集中的人有關的重要洞察，和針對每個群集做出最好的行銷方法（實際上就是最迎合這個群集的產品／服務）。你可以透過群集檢視工具（cluster-viewing tools）將這些群集視覺化，來辨識這些資訊，或是運用進一步的機器學習演算法來自動萃取出每個群集的樣貌。例如，你可以建造一種分類演算法，告訴你「第19號群集」中的顧客和其餘顧客有何差異。

將重要指標套在個別群集上，這在資料分析中也相當容易做到，例如，你可以很輕易找出哪些群集購買某個產品類別的平均傾向最高、哪些群集的平均消費金額最高，或是哪些群集的忠誠度最低。你可以透過分析這些指標來得知你應該瞄準哪些群集，這些群集的樣貌則能為你提供點子和靈感，製作出對它們最有效的行銷訊息與內容。

以自動市場區隔建立的群集模型則是動態的，它們將自動區分既有顧客或新顧客至最吻合的市場（就像Storytel對每位顧客下「標記／標籤」），並持續重新評估既有顧客，追蹤他們在各市場區隔之間的漂移。很重要的一點是，演算法可以設計成定期自動更新群集模型，並辨識整個市場區隔的變動，使市場區隔總是以最新資料為基礎，亦即以顧客群的現在特徵為根據。

預測顧客未告知的資訊

我們在第二項修練談到如何蒐集顧客資料，當你請顧客提供資料，不論是註冊時填寫的事實資料，或是在問卷調查中提供與註冊時填寫的事實資料，或是在問卷調查中提供有關他們的感覺和意向有關的資訊，你永遠都沒有把握是否能得到答案；如果你得到了答案，也無法確定你獲得的資料是否全部都正確。顧客告訴你的資料並不必然正確代表他們的意圖或行為，他們可能省略某些資訊、填寫錯誤的數值，或是故意提供不實的資訊。除了這類資料品質與完整性的問題，還有另一個問題是，當我們請求顧客提供資料時（例如透過問卷調查），我們通常只請求顧客群中的一個樣本，也就是說，只有一部分的顧客提供我們請求的資訊。因此，我們只能充分認識這些少數的顧客，但不會充分了解我們未請求提供資訊或未給予答覆的顧客。

前文聚焦在探討人工智慧可以如何促成更好的行銷行動，但還有另一個值得探討的主題是，機器學習演算法也能夠產生預測模型，幫助你應付蒐集到的資料與上述問題。

補充及修正數值

你可以應用人工智慧，使用提供特定資訊（例如所得數字）的顧客資料來建立一個預測模型，再讓這個模型根據未提供這項資訊（所得數字）的顧客的其他相關資訊來做出良好的估計（估計所得數字）。這個模型，或是針對顧客往往省略的任何資訊而建立的類似模型，也可以用來作為一種驗證工具，它可以辨識異常、和預測相差甚遠的數值，接著再選擇是否要用預測數值取代這個異常而極度可疑的數值。

雖然這些預測值是機率估計值，而非確鑿的事實，但如果我們對預測它們的模型做了審慎足夠的驗證，那麼這些預測值通常會比顧客資料中的漏洞（或明顯不正確的數值）更有用處。

從少到多

要如何廣泛使用少數答覆者提供的資訊呢？以下是利用這些少數資料來推測整個顧客群時必須遵循的流程：

- 挑選一個「目標」欄（亦即想要預測的資料欄），這通常會是態度類的變數，例如滿意度
- 蒐集答覆者的資料，但只蒐集所有顧客都有資料的欄位，例如所有顧客都有的標準行為資訊或描述性資料

- 使用上一個步驟蒐集的答覆者資料，建立一個用以預測「目標」欄的模型
- 應用這個模型來預測整個顧客群

瑞士的有線電視業者CableCom（現在改名為UPC）在了解顧客滿意度和左右公司有線電視顧客行動的因素方面做得十分成功。CableCom藉由在顧客生命週期的關鍵點上對顧客進行調查，再將顧客滿意度結合其他資料，使它得以辨識出可高度準確預測任何顧客滿意度的一百多種因素。CableCom根據這些資料，使用預測模型來辨識出可能流失的顧客，並且採取搶先挽留的行動，結果成效卓著，使顧客流失率從19%降至2%。[1]

從資料到分析到行動

從資料到分析

我們在第二項修練談到從廣泛的源頭蒐集資料，這些資料是分析的「燃料」，而在多數情況下，你必須以正確的「形式」將它們餵給分析系統才能有效的進行分析。這涉及兩個層面：資料組織（data organization）、資料準備（data preparation）與特徵工程（feature engineering）。

資料組織。多數機器學習演算法致力於扁平化（flattened）

成「元組」（tuples）的資料，它的一列代表一個案例（例如一位顧客），而一列中的每一欄代表一個屬性。在監督式機器學習（supervised machine learning）中，一個或多個欄將是一個「目標」，例如一面旗子代表這位顧客是否對一個特定的行銷活動做出回應。紀錄的格式和內容也會因不同的使用案例而有差異。常見的實務是創造一個匯集與同步所有資料的「分析資料視圖」（analytical data view），再依照需求，從這整體的分析資料視圖調出特定使用案例所需要的資料集。

資料準備與特徵工程。在機器學習演算法開始運作前，通常需要進行資料準備，而這會涉及一般會遇到的問題，例如辨識與處理資料品質，或是可能導致對演算法構成挑戰或偏誤結果的數值分配不均。有些方法可以幫助確保演算法去學習那些不常發生的結果的型態，例如超採樣（oversampling）和低採樣（undersampling），基本上，超採樣就是要演算法多注意那些不常發生的結果，低採樣則是要演算法少注意那些經常發生的結果。*

但更有趣的是，這個階段也是使用「特徵工程」來充實與強化資料的階段。特徵工程是指從基本屬性推導出較高層次的特徵，以此為演算法提供更有用的資訊。有些推導出的特徵可能相當簡單，例如從出生日期推導出年齡。其他更充實的特徵

---

* 譯注：超採樣是指對不常發生的結果增加採樣，低採樣是指對經常發生的結果減少採樣，藉由一邊增加樣本數，另一邊減少樣本數，便能解決數值分配不均對演算法學習構成的偏誤。

可能涉及處理一系列的紀錄，以推導出描述顧客行為如何隨時間變化的特徵，例如檢視顧客購買頻率或一項服務的使用量在過去三個月、六個月、十二個月的變化趨勢。或者，可能是處理圖像或影片，從中萃取出具有意義的特徵（基本上，就是敘述從圖像或影片中所見的事物），讓機器學習演算法更容易加以使用，我們在第二項修練看到的亞馬遜無人商店 Amazon Go 發生的情境就是一個例子。

執行資料分析：工具與方法

誰執行這項工作？在決定挑選什麼工具和技術時，執行資料分析工作的人員將是關鍵因素。

關於「資料科學家」的角色已經有很多討論，根據《哈佛商業評論》的一篇熱門文章指出，這是「二十一世紀最夯的工作」[2]。由於這些人都是高端的分析專業人員，因此他們應該要有能力應付任何程度的技術性細節。但你在招募這類人才時必須要小心：凡是在公眾領域機器學習工具方面擁有基本經驗的人，都有可能推銷自己是「資料科學家」。

無論你的資料科學家有怎樣的技術能力水準，請切記，資料分析不能變成和事業區分開來的純技術性工作，它必須要有具備事業知識的人員密切參與才可能成功。基於這一點，有些公司採行的方法是讓它們現有的一些行銷人員發展資料分析技巧，或至少必須要有能力在執行行銷活動中納入進階分析。

我們在下面會討論分析工具的主要選擇，如果你選擇採用顧客資料平台（參見第二項修練），它很可能內含資料分析能力與工具。

當然，你也可能會決定將資料分析工作外包給顧問公司或外部的第三方，在這種情形下，你大概可以預期他們會為你挑選分析平台並直接給予成果，但請留心在資料分享方面的法遵問題。

程式層面的方法。現今有許多資料分析工作都會使用R語言與Python之類的程式語言，這些程式語言的一個優點是廣泛在無成本或低成本的公眾領域（開放原始碼）實行，可以很容易取得許多演算法與工具；壞處則在於，它們與任何程式設計師層級的工作同樣都是勞力密集，而且必須專注考量細部的編程，很容易會將焦點從資料分析的目的與流程移開。不過這些方法是資料科學家的工作，你不太可能將行銷人員訓練到擁有高水準的R語言程式設計能力。

視覺化工作檯（visual workbenches）。有許多工具可供你採行「視覺化程式設計」（visual programming）的進階資料分析方法，當使用這類系統時，使用者會先將圖示放在螢幕上，這些圖示分別代表資料來源、操作資料的方式（例如使用特徵工程）、探索工具（例如視覺化）、機器學習演算法與其他工具，接著他們就會連結這些圖示來指明分析流程。多數這類還算不錯的工具是商用軟體，縱使這需要公司進行一些投資，但它們能使廣泛的使用者受益，而且這類最優異的工具不僅能讓非專家級的分析人員（例如公司的行銷人員）容易使用進階演算法（軟體為他們自動建構的演算法），它也具有高生產力（還有機會以「一連串思路」〔train of thought〕的水準運作），並有詳細的技術性控管，即使是最專家級的分析人員都可運用。然而，與任何具有商業發布週期的產品相同，這類商用軟體不像程式層面工具使用者那樣，可以很快就從程式庫取得最新的演算法程式，但多數視覺化工作檯能讓你得以整合R語言與（或）Python。

包裹式解決方案（packaged solutions）。取得初步成功的最快速途徑往往來自將人工智慧注入特定行銷活動的包裹式解決方案，對那些尚無法建立自己人工智慧和進階分析技巧的行銷部門而言，或許可以使用這個快速途徑來證明人工智慧能在特定領域幫助提高行銷成效，例如使用人工智慧來瞄準追蹤顧客棄置於購物車中的品項，或是藉由學習個別顧客的補貨週期，對顧客發出再購買提醒通知。雖然人人都愛快速致勝，但你必須確定你購買的包裹式解決方案不會讓你受限於只獲得簡單的包裹式分析；你也必須確保在證明人工智慧帶來的好處之後，你有途徑將它擴展至包裹式解決方案以外，建立並應用自己的人工智慧能力。

為擴大規模而自動化。無論你採行什麼方法而有能力去執行一次性分析，它可以帶來的價值與助益都相當有限。一個充分以人工智慧賦能的行銷組織會在營運中普遍應用許多預測模型，而需求的精細度和客製化程度愈高，需要的模型就愈多，必須考慮的顧客行為與喜好的面向也愈多。此外，伴隨模型數量的增加，監測它們的成效並加以更新，以確保它們能跟進顧客喜好與行為變化而做出適當推薦與決策的工作也會增加。

這些需求快速超越人工分析的負荷能力，因此如果你想成功做到真正的一對一客製化，並讓機器智慧跟進動態多變的顧客群，那麼你的分析流程必須足以用規模化的方式自動組裝與運作，而不需要人為干預。一旦組織從人工分析邁入「分析工廠」，你就可以有信心能將人工智慧的應用擴展至任何規模的顧客群。

從分析到行動

無論你的資料有多麼充分完美，或你的預測模型有多準確，它們在你執行行銷活動之前完全產生不了價值。

有些行動會根據機器智慧，讓人類決策者更妥善執行工作，例如使用來自顧客關係管理軟體的資料推導出的預測資訊提供更好的顧客服務。人工智慧需要透過自動化來擴充其智慧規模，同理，唯有在根據這些智慧做出的執行行動也自動化，並且能做到相同的精細度下，才能實現充分的效益。

有時你必須審慎思考如何讓預測模型考量顧客之間的差異性。如第二項修練所述，顧客資料的蒐集通常是漸進的，這意味的是，你會看到不同顧客的資料有不同的完整度，而這會限制預測模型，使它們只能考慮所有顧客都具有的資料子集，導致它們無法提供更好的預測成效。所幸由於特定資料通常是在顧客生命週期的特定點上進行蒐集，因此你的顧客群資料可能有幾個類別夠完整，因此可以根據資料完整度區分出幾個客群，並針對每個客群建立一個預測模型。如此一來，當你要根據預測結果採取行動時，就能根據每位顧客的資料完整度挑選最合適的預測模型。

我們將會在下一項修練探討，當你從分析邁入行動時，你可以推出適當的溝通訊息和客製化服務體驗。

優化

使用預測模型有助於提高與每次顧客互動成功的可能性，而使用來自預測模型的洞察與預見，將有助於確保你對每位顧客和每次互動機會做出正確決策。你可以把這種做法（獨立考慮每一次的顧客互動）想成你在致力於達成「一組最佳決策」。

優化法（optimization）能幫助你達成「最佳決策組合」，而整組決策（在此指的就是所有的顧客互動）可視為一個整體，用以將總價值或效益最大化。

將優化法應用在行銷活動與顧客互動時會考量以下條件，包括：每個個別顧客的預測行為（他們對各種推薦產品或行銷訊息做出回應的傾向、可能購買的傾向、通路偏好等等）；參數（例如不同類型顧客互動的成本）；限制條件（例如通路容量、整體預算）；目標（例如使顧客回應率或營收最大化）。而一個數學優化引擎會運算這整個情境，得出一份在限制條件下獲得最佳整體成果（指達成目標方面）的計畫，實際上就是對每位顧客的最適推薦產品或互動。

在一個高度競爭的市場上經營的阿根廷伊塔烏銀行（Banco Itaú Argentina）就是使用預測性分析，再加上一個驅動其行銷活動的優化方法，使來自既有客戶的營收提高40%，整體零售銀行業務顧客的邊際收益則提高近60%。[3]

銷售以外：下一步最佳行動

雖然在行銷時，我們的行動通常是推薦產品或其他鼓勵購買的行銷訊息，但了解顧客關係長期價值的組織往往會談到「下一步最佳行動」的方法，而非「下一個最佳推薦產品」（next best offer）的方法。這就是Storytel的馬丁團隊接下來要做的事。

在顧客關係的任何一個點上，你可以對他們採取很多行動，當中有些行動無疑是推薦產品，然而其他行動並不直接聚焦在銷售，它們可能會是：對顧客的抱怨做出道歉或補償；搶先調整某項服務的費用，雖然降低當期的營收，但有助於提高顧客忠誠度與潛在的顧客終身價值（customer lifetime value）；提供免費訓練、指導或資訊，幫助顧客從購買的產品上獲得更大的效益等等。

在這些產品推薦和其他行動中，決定在一個時點上或互動中何者是最佳行動則取決於多個因素，其中許多因素是預測模型得出的結果，例如：

- 這個顧客購買各種產品（類別、升級、附加產品等等）的傾向
- 這個顧客對目前和未來推薦產品與行銷訊息的敏感性
- 維繫這個顧客的風險
- 預測的滿意度（與因果因素）
- 這個顧客目前的價值和估計的未來價值

而為了成功做出下一步最佳行動，需要的是一個自動化流程，這是擴大規模去執行下列對每位顧客每次互動採行的方法：

- 從預測模型取得最新的評分（可能來自預測模型最近一次運算出的結果，或是以隨需模式讓預測模型運算出的結果）
- 使用適用於傾向評分的商業規則和其他洞察，得出可能有效的行動與推薦產品
- 在決策的步驟，對可能採取的行動進行評估與排序，並選出最佳行動
- 執行最佳行動

最後，任何進階分析的應用都需要一個「封閉型迴路」：監視行動的成功，並微調規則與裁決標準，而且隨著消費者行為的變化，持續使用最新資料來更新模型。

從何處著手？

我們已經帶你探討與了解人工智慧可以如何對你的行銷工作產生幫助，希望你腦海中現在已經浮現種種的可能性。但你可能會產生疑問：「所以我該從何處著手？」

這個問題並沒有唯一的答案，正確的起始點因組織而異。我們在下文提供選擇起始點和規劃接下來的人工智慧旅程時應該考慮的因素。

挑選容易實現的目標

人人都想快速獲勝，尤其是在涉及新專案時，你必須盡快展示價值，來向同事與管理階層（與自己！）再次保證人工智慧和進階資料分析是對組織有益的好東西。

一個不錯的起始點是列出可以在業務中應用人工智慧的使用案例，然後針對每個使用案例考慮下列因素。

它配合行銷目標嗎？如果你的事業完全聚焦在獲取顧客，那麼顧客維繫與流失管理或許不是最佳起始點。

它能帶來價值嗎？在無法在自家公司內檢驗這點的情況下，你能有信心使用的最佳方法是思考：什麼方法已經在競爭對手或其他跟你的事業類似的公司裡發揮功效。你可以尋找案例研究，並依循有很多人試驗過、其他公司已經成功的路徑。

它可能帶來什麼價值？試著評估每個使用案例的效益，並估計出一個數字。若針對的某個推薦產品類別預測出回應率將提高為三倍，這代表什麼？如果線上購物的交叉銷售推薦將使購物車中的品項增加10%，這個功能的價值有多少？請考慮樂觀、悲觀和可能的情境。

這個分析方法的困難度高嗎？較為複雜的計畫將會花更長的時間，需要更多技能，隱含的風險也較高。

需要什麼資料？只需要簡單資料的預測模型比較容易執行，需要你再蒐集更多資料或必須大費周章事先處理資料的模型，在執行上比較有困難。

分析結果容易應用在行動上嗎？切記，在你將分析結果應用在行動上之前，資料分析專案不會帶來任何價值。你應該考慮需要花費多少心力才能將分析結果投入現有營運，而那些能夠無縫接軌的將分析結果投入現有系統與流程，不需要或只需要少許調整現有系統與流程的使用案例，將是不錯的起始點。

接著，你便可以根據這些標準來把可能使用的案例進行排序，並從中挑選出最佳起始點。也許你會覺得這個流程聽起來似乎複雜困難，但其實你不必太過擔心，因為無論你列出的可能使用案例數量有多大，你通常很快就能看出最多只有幾個合適的起始點。而且，你也不必非得自己做這件事，在這個領域裡，有經驗的產品、服務與顧問供應商將很樂意協助你。

雖然我們無法告訴你該從哪裡著手，但很顯然有些類型的應用通常是很自然的起始點。以購買型的產品交叉銷售為例，這種預測模型使用的是容易取得的關聯分析演算法，最簡單形式的演算法只需要使用購買資料來加以學習並建立模型，許多公司已經這麼做，而且成效頗好。你可以對最近購買的顧客進行交叉銷售行銷，方法是藉由寄發電子郵件來推薦產品，這種做法應該相當簡單，而且容易執行，同時，透過顧客對這些推薦行銷的回應率，你就能評量這個交叉銷售模型的成效和創造的價值。反觀「下一步最佳行動」的全面實行就不太可能作為起始點，因為這需要建立和管理許多模型，也需要廣泛的資料來源。很少公司能聲稱自己已經發展出全面且完善的「下一步最佳行動」預測系統，因為這會需要整合所有通路的營運系統，還必須有能力以即時模式作業，雖然它的潛在效益可能很龐大，但要量化評估預測系統的價值需要對能提高多少顧客終身價值進行複雜的評量，因此難度極高。

有足夠資料嗎？

對於想採用人工智慧和進階資料分析的人而言，這是必須思考的一項常見問題，主要考量層面有二個。

資料量（亦即業務量）夠大嗎？這個問題的答案幾乎都是

肯定的。如果你的顧客有數百個，而非數千、數萬或數百萬，那麼這些先進方法能使你獲得的附加價值可能不多；但是，如果你為少數顧客提供的是很有價值的服務，而且是能夠生成資料的互動式服務，那麼它仍然值得你考慮加以採用。

然而，在各種使用案例中，究竟多少的資料量才算是「充分」？其實根本沒有標準答案。我們曾經只用幾百筆紀錄便成功應用預測技術；也有使用案例是儘管擁有幾百萬筆紀錄，卻無法建立可靠的模型，因為這些資料沒什麼意義與價值。

當資料不完整或不完美時，我要如何開始？採用人工智慧和進階資料分析時，最大的一個障礙是公司一直在拖延，想等到有完整且完美的資料後才開始行動。全方位360度視野是渴望達到的境界，不過在現實中無法實現，少有公司能夠取得品質百分之百完美的資料。由於資料管理也是一項成本，因此你愈快透過分析來釋放資料的價值愈好。

事實上，人工智慧和進階資料分析方法相當能應付品質可能有問題的資料。至於資料的完整度，是在挑選「容易實現的目標」時要考量的因素之一。許多使用案例一開始可以先使用有限的資料，再隨著時間加入更多資料，以提高模型的準確度和模型帶來的價值。你應該務實的使用目前已有的資料來起步，並佐以正確的分析工具，日後再加入可得的資料來源，屆時你會需要對既有的分析流程做出少許改變，或甚至不需要做出改變。

旅程

探索與嘗試可能可以使用的案例，這個過程可以作為你在整個組織推行進階資料分析和人工智慧的規劃基礎。你建立一些專案（可能的使用案例），這些是旅程中的步伐，每個步伐帶來的則是價值增加，而伴隨著每項專案的執行，你也逐漸累積你的能力和基礎設備。這意味的是，當你推進至更大、要求更高的專案時，你不僅擁有更好的能力和設備去加以處理，需要花費的時間、心力與成本也將比剛展開旅程時的那些專案還低，這都是拜你已做出的進步所賜。

同樣的道理也適用於你的資料，致力於發展你的資料資產，並逐漸改善它們的品質，將使你在未來能夠執行需要更多、更好資料的使用案例，而更多的新資料來源也可用於更新你已經做的分析，並且提高分析帶給你的價值。

展望未來

人工智慧是一個快速發展中的技術領域，先驅採用者已經使用某些被視為攸關多數組織前途的進展，現在正在證明它們的價值。

「太初有道……」

許多組織已經推進到在顧客分析中納入文本形式的非結構化資料，自然語言處理（natural language processing）方法能提取顧客提到的特定主題或「概念」（例如顧客和電話客服中心交談時談到的內容），經過分析之後提供與顧客興趣與喜好有關的線索，有些公司還會更進一步使用情感分析方法來了解顧客言論背後的感覺與情緒。

有聲書和電子書公司Storytel使用自然語言處理的案例就是一種創新做法，同時也反映出它身為一個充滿文本的事業所具有的獨特地位。Storytel藉由直接分析書籍內容，增強媒合書籍與讀者的能力，這並非依靠分析描述一本書的簡單元資料（metadata）所能做到。這種方法不僅只能給從事著作生意的公司採用，透過把顧客對溝通訊息的回應資料結合溝通訊息文本的分析，許多行銷人員也可以使用這種方法來發掘最能引起顧客互動的行銷元素。

深度學習

在本書撰寫之際，深度學習（deep learning）是引起最多人興奮、受到最多吹捧的人工智慧方法之一。

深度學習演算法在「亞符號」（subsymbolic）應用領域尤其強大，例如辨識圖像和影片中的內容。雖然有些組織已經開始在行銷領域應用深度學習演算法，但本書中敘述的應用，通常使用較為傳統的機器學習方法就足以有效處理。

那麼，深度學習能對行銷做出有價值的貢獻嗎？答案絕對是肯定的，尤其是當行銷人員開始對文本以外的非結構化資料下工夫時更是如此。瑞士公司NVISO提供能夠即刻判讀消費者情緒反應的解決方案，它的做法是在使用者同意之下，即時的使用安裝於日常產品（例如手機、平板、電腦）上的標準攝影裝置。請想像你能夠錄下消費者看到你展示的內容時的反應表情或動作，再加上你手上擁有的其他資料，將能使你的人工智慧模型得以更準確預測顧客的喜好。

到處都是聊天機器人

到處都蹦出聊天機器人（chatbot，簡稱bot），無論你是初次造訪一個購物網站的隨意瀏覽者，還是接受理財顧問服務的銀行客戶，聊天機器人都很熱心要跟你攀談。

目前我們看到的聊天機器人有兩個主要的發展方向。第一，許多發展工作致力於使聊天機器人在交談中盡可能生活化，為了「教育」聊天機器人應運而生的新工作也很多，然而擔負這些新工作的人並非資料科學家或人工智慧技術專家，而是受過語言、溝通與心理學訓練的人。著名的圖靈測試（Turing Test）能告訴你在線上的另一端是一個人類，還是一部電腦，如今圖靈測試突然變得非常重要。使用者能否覺察另一端和他們交涉的人原本是低成本的聊天機器人，現在變成高成本的真人？聊天機器人愈能繼續在交談特徵和溝通內容「品質」方面表現得更像人類，公司就愈有彈性去支援互動式交談通路，而得以讓熟練員工有時間去處理重要交談中最關鍵的部分。

第二，儘管聊天機器人的談話仍然較為簡單淺薄，但我們看到有愈來愈多的人工智慧馬力投入發展。戶外運動裝備商The North Face已經使用IBM的華生（Watson）辨識系統來支援「專家級個人購物者」（Expert Personal Shopper, XPS）[4]，XPS在詢問你要從事的活動類型、活動地點和時間後，預期可能的天氣狀況，同時將你要從事的活動一併納入考量，縮小可能合適的產品範圍後，接著再跟你進一步交談來了解更多你的偏好，最後向你推薦理想的夾克。

在改善顧客體驗上廣泛應用人工智慧

本項修練只淺略探討人工智慧能如何幫助你取悅顧客並增進你們之間的關係，因此我們想在這一節提供一個案例研究，顯示顧客互動無須僅限於行銷活動，以及在顧客互動中，人工智慧不只可以用在顧客資料上。

嘉信力旅遊公司（Carlson Wagonlit Travel）是全球頂尖的旅遊管理公司之一，它幫助各種規模的組織安排商務旅程，為他們免去行程的複雜安排事務，提高他們的生產力。

嘉信力的營運宗旨為致力於在以下三類「顧客」的需求之間取得最適平衡：

- **嘉信力提供旅行服務的公司**。為它們管理成本，並確保差旅員工遵守公司的旅行政策
- **航空公司、旅館等等**。為它們銷售機票、旅館住房等等
- **旅行者**。使他們的旅行訂位、訂房、管理等體驗（和旅行本身的體驗）感到滿意、容易且順暢

嘉信力在種種人工智慧能力的支援下，將這些需求納入整個商務旅行體驗。它的做法是在一個客製化的預訂系統入口網站上，根據每位旅行者以往行為與預料的偏好，為他們提供班機與旅館推薦（亦即銷售推薦），因此它高度迎合個別旅行者，同時也一貫遵守雇主的旅行政策。除了幫助旅行者每個階段的旅程，嘉信力也為他們提供出差公務餘暇可以前往的地方和可以從事的活動的建議，這有助於嘉信力和顧客的關係更富人情味。此外，嘉信力也會使用與天氣、潛在的飛機問題等等有關的外部資料來預測旅行可能被擾亂的潛在狀況，這又為它和顧客的關係增添另一個層面，旅行者會知道嘉信力照料著他們，不僅為他們預料可能發生的狀況或問題，還會搶先解決問題：備妥其他班機供顧客選擇。

在這種整合的端對端體驗中，幕後頭腦雖然是人工智慧，但為了有效且適當的向顧客提供溝通與服務，仍然需要投入許

多機器智慧以外的努力，我們會在下一項修練加以探討。

資料分析與人工智慧的成熟度

希望你已經清楚了解，從資料分析獲得價值取決於諸多因素，並非只在於你使用的演算法的能力與複雜度。因此，該如何評估組織在使用資料分析與人工智慧方面的成熟度呢？

最高水準

在使用人工智慧方面達到最高水準的組織會有系統的在各個營運領域應用人工智慧，它們擁有個別顧客層級充沛、完整的資料，通常有能力整合來自多個部門的資料，而且具備完善的基礎設施，得以使資料分析工作與決策流程自動化，也直接和溝通與服務的執行相連結。

中等水準

在資料分析與人工智慧這項修練達到中等水準的組織會將人工智慧和進階分析應用在行銷上，但只針對特定使用案例採取這種做法。它們的分析聚焦在顧客上，並且使用行銷與銷售資料，而這些大部分都是個別顧客層級的資料，不過有些項目只有整體的資料（例如，匿名問卷調查，因此只有匯總的資

圖3.3 資料分析與人工智慧的成熟度面貌

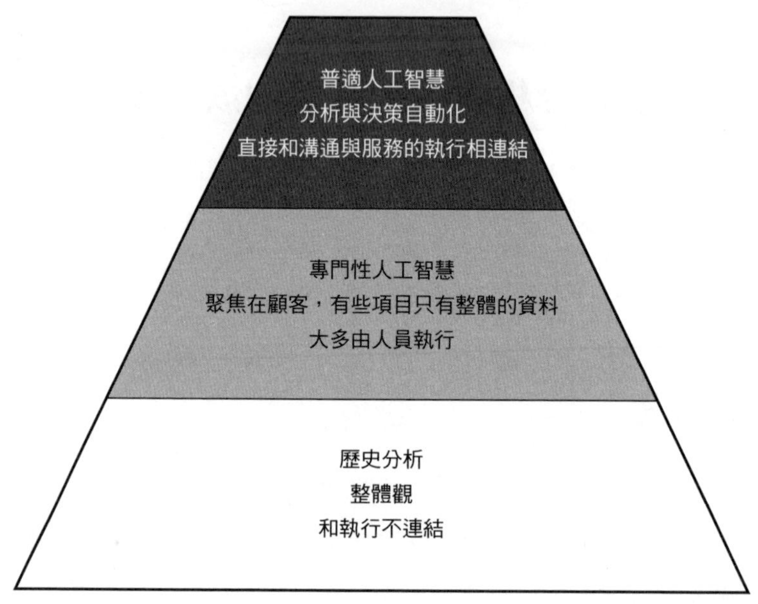

料）。它們在資料分析和執行行動之間只有寬鬆的連結，而且儘管是使用分析洞察來幫助做出決策，但大致上仍然依靠人員來執行。

最低水準

在資料分析與人工智慧這項修練達到最低水準的組織，做的是回顧歷史性質的資料分析，主要是看整體指標，而且通常聚焦在事業營運的分析，像是分析產品銷售量、營運狀況等等，並未做低於總體層級的顧客分析。它們的決策是基於個人的觀點與假設，資料、分析和執行之間並沒有產生連結。

你可以掃描以下條碼連結至網站上接受我們以全通路六邊形模型設計的測驗，評估公司執行全通路的水準（英文）：

OMNICHANNELFORBUSINESS.ORG

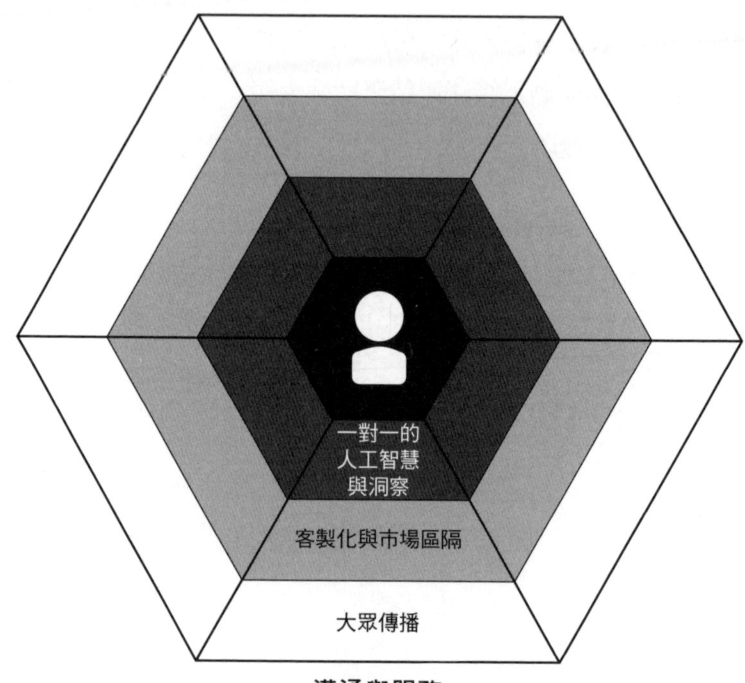

溝通與服務

第四項修練

溝通與服務

即使擁有資料和從人工智慧取得的資料中獲得的洞察，
如果沒有加以使用，它們就毫無價值可言。
你應該使用資料和機器智慧，適時為顧客量身打造合適的溝通、服務與交易，如此一來，無論是主動接觸顧客，或是顧客主動上門，你都可以清楚的確認與每位顧客的往來歷程。

艾力克斯喜歡健行，他在紐約市哥倫比亞大學研讀商管學，課餘時間他大多在想健行的事，有時他也會到山裡享受新鮮空氣。

多年來，他訂閱許多零售商和品牌的電子報，但沒有一份電子報令他滿意，因為裡面的內容全都只有產品、商品、折扣、銷售等資訊。

這個夏天，艾力克斯到舊金山旅行，當地The North Face分店的店員提供當地的健行步道資訊給他，並推薦他徒步攀登懶鬼山（Slacker's Hill）。他們還聊到The North Face的VIPeak會員制度，於是艾力克斯也加入會員。

VIPeak提供會員一款APP，內含健行相關的有趣內容，並且介紹吸引人的新健行地點與體驗。這位店員提醒艾力克斯要在抵達懶鬼山頂時使用這款APP打卡。

艾力克斯登頂懶鬼山後，便打開The North Face的APP，並在舊金山金門國家休閒區（Golden Gate National Recreation Area）打卡，隨後，他立即收到通知，獲得紅利點數50點。

接下來幾個月，艾力克斯發現The North Face發送給他的訊息開始出現變化。他適時收到「開學促銷」的活動訊息，其中恰巧有中意的背包，他不禁心想，The North Face彷彿知道他的身分，也掌握他感興趣的事物。稍加回想後，他發現自己確實提供種種線索，像是購買的產品、打卡的地點、居住地址、在網站上瀏覽過的商品和在電子郵件上的點擊。他只是不太習慣有個品牌真的兌現承諾，寄發適合的資訊給每一位顧客。即便如此，他仍面露微笑，並將這個背包放進購物車。

溝通與服務

這是The North Face的美國顧客可能會經歷的事，請想像如果你的公司能為大部分顧客創造這種體驗會如何？

為了更加了解顧客，The North Face在2012年推出一個名為VIPeak的會員制度。VIPeak與傳統的會員制相同，它讓會員在每次購買產品時都能獲得紅利點數，不過The North Face並不只提供這個福利，它奉行的品牌價值觀使會員在值得探險的戶外地點於APP上打卡，或是參與它舉辦的活動，都能獲得紅利點數，藉此鼓勵顧客繼續探險。獲得的紅利點數不僅可以兌換成禮券，並在未來購買商品時使用，如果你是非常熟練的購物者與（或）探險者，還可以利用紅利點數來體驗宣傳The North Face品牌的活動，例如攀岩，或是造訪聖母峰基地營。因此，你可以思考為顧客提供紅利點數和折扣優惠以外的福利，以支持你的品牌和使命。

獎勵是一件事，適當提供優惠則是另一件事，所以你應該師法The North Face使用客製化的方法。這類方法是以簡單的商業規則、先進的預測性分析和人工智慧為基礎，例如，由於美國各學校的學期開學日不同，因此「開學促銷」專案適用的期間會根據會員的實體郵寄地址而定，行銷訊息則訂有這條簡單規則。另一方面，進階演算法會分析結合每位顧客的資料流（data stream），研判每位顧客分別對哪個戶外活動特別感興趣，而當The North Face推出Ventrix系列夾克時，甚至會為每種戶外活動編輯不同版本的行銷影片，並分別將個別的版本寄給對該項戶外活動特別感興趣的會員。The North Face的顧客終身價值管理與分析總監伊安・迪沃（Ian Dewar）2018年8月在瑞典舉行的一場研討會上表示，這些方法成效卓著，他告訴與會者，那一年收到這項適時提供、客製化行銷訊息的顧客，光顧The North Face商店的次數是一般顧客的三倍，他們的平均消費金額也比一般顧客高出20%。除此之外，還有長期的品牌資產效益。對顧客的溝通內容變得更切合他們的需要，而非只是在推銷產品。

全通路行銷的第四項修練

本項修練首先談論成功做到全通路行銷時，會提供怎樣的顧客體驗，以及為了達到這個境界必須克服哪些重大挑戰。

接著，我們會更深入檢視，在行銷工作中以公司為中心和以顧客為中心的差別。我們會使用具體例子來探討如何利用顧客旅程中的哪些時刻來更貼近他們，也將以零售業和訂閱型事業來舉例說明這些做法。不過，儘管接觸顧客的時間點十分重要，但戰術絕非只有一招，因此我們會探究想要向顧客傳達貼近且適當訊息時，可以使用的其他戰術與資料。由於全通路行銷在零售業扮演特別重要的角色，因此我們會介紹典型的全通路商業特色，零售業者可以預期消費者幾乎將這些特色視為理所當然。我們也會探討如何在實體商店使用資料來進一步強化顧客關係。

隨後，我們會討論你應該如何小心使用資料來做到客製化和適當提供資訊，但又不至於令顧客感到太過親近而毛骨悚然。你可以遵循一些簡單原則，避免落入這種陷阱。

縱使你不是從通路著手，但在你想和顧客接觸時，通路仍然很重要，因此我們會討論個別通路的差異，藉此幫助你決定哪些通路較適合你的事業。各種通路在做瞄準式行銷訊息（targeting messages）上的可能性有何差別？它們主要是推式（push-based）溝通，或是拉式（pull-based）溝通？它們是否和其他的顧客資料連結？

當你想要發展自有媒體時，支援系統會是重要參數。而為了支援根據資料分析洞察所進行的一對一溝通，你會需要哪些支援系統？

最後我們會說明，在使用資料與洞察來促進溝通與服務方面的不同成熟度與特徵。

從「行銷受害人」到「品牌的故事主角」

沒有人喜歡被推銷，但我們都喜歡為某個事物買單，我們總是期待與尋求某個東西，畢竟，我們是消費者，我們有錢，自然想要把錢用掉。

這就是大眾傳播具有功效的原因。當你的觸角延伸得夠廣時，總是會有一些被動收看電視的人會認為你的廣告直接觸及他們的需求，如果你運氣好的話，有些觀眾還會立刻購買你的產品。

問題是，擁有這種良好感覺的人愈來愈少。雖然媒體代理商承諾讓你在預期會觀看這個電視節目的特定觀眾面前曝光，但你的大部分曝光（和大部分廣告費用）都是浪費的。這是因為大多數潛在顧客對你的行銷訊息無動於衷（這還算是最好的情況），其他潛在顧客可能還會感覺受你的行銷干擾。

行銷變成服務

所以，你應該致力在與客戶的溝通中盡可能使用之前取得的洞察與資料，儘管這未必總是做得到，但當有這種可能性時，你就應該這麼做，而且最好使用自己可以控管的媒體。如此一來，你就能將客製化產品推薦（以往稱為「行銷」）變得愈來愈像一種服務，而非試圖推銷。

服務變成行銷

情況也可能恰恰相反，你的溝通訊息未必要聚焦在適時做出合適的產品推薦，而是應該設計成為顧客提供更多價值的適當服務訊息，不意圖銷售任何東西。這也是許多組織聚焦在建立「下一步最佳行動」的顧客關係，而非「下一個最佳推薦產品」的原因（參見第三項修練的討論）。

以The North Face為例，當擁有足夠的會員資料後，公司極度用心的減少產品相關訊息，增加他們認為會員可能會喜歡的戶外體驗訊息。

適當的溝通與服務並非一蹴可幾

不幸的是，要做到總是對所有顧客提供適當的溝通與服務並不容易，甚至是不可能達到的境界。

致力於對顧客提供適當的溝通與服務是個漫長、甚至可能是永無止境的過程，需要辨識顧客、蒐集資料、分析資料以產生洞察，而且，如同本項修練要討論的，這也需要製作迎合每一種類型顧客的種種創意溝通內容。這會是一個漸進的過程，因為你將不會擁有每位顧客充分的背景資料，更遑論你的資料庫一開始就沒有所有潛在顧客的資料。

因此，為了盡可能追求適當性，你必須建立自動化的資料蒐集與分析系統，與逐漸可供愈來愈多顧客體驗的自動化溝通；與此同時，你仍必須繼續進行向來在做的行銷工作，包括所有的行銷互動、付費媒體與大眾傳播。當然，你可以使用資料來瞄準正確的客群，並客製行銷訊息，不過這會需要格外的努力。

簡短版本

如全通路六邊形模型所示，溝通與服務這項修練的起始點是大眾傳播，因此如果你的資料庫中沒有顧客（或是只有很少的顧客），那就必須從付費媒體的大眾傳播開始做起。在逐漸累積銷售並擴增取得行銷許可的客群後，你可以漸進的將更多行銷型溝通轉移至自有媒體，這是第一個成功指標，因為自有媒體通常比付費媒體便宜很多。你可以使用資料和人工智慧生成的洞察對行銷訊息進行客製與優化，利用不同的內容吸引各類顧客群。

下一步則是全通路六邊形模型中「溝通與服務」這項修練的重要部分：使用人工智慧來得知接觸顧客的合適時間點，不僅僅是一天當中的合適時間點，還有個別顧客生命週期中最合適的階段。資料不僅可以幫助你研判應該溝通的內容，也包括溝通的時間，而事實上，研究顯示，將資料用於找出合適的溝通時機，往往比用於客製行銷內容更具成效。[1]此時便是結合人工智慧和自動化的時候，對顧客做出特定行銷活動的合適時機點則因個別顧客而異，像是他們最能接受與回應行銷的時候、行為重複週期（例如再補貨）降低的時候，以及達到顧客生命週期關鍵點的時候。

如果你讓人工智慧學習這些週期，並建立自動化溝通，當顧客一觸及這些關鍵時刻就自動觸發溝通機制，傳送適當的訊息，你就已經在對每位顧客的溝通時機進行優化。

在推出幾個自動化溝通流程後，接下來是創建一個優化既有事物的持續流程。建立機制來持續質疑你的溝通內容、時機與演算法，同時實驗創意的溝通訊息和更多的客製化內容，如此一來，就能看到成效持續進展。

以公司為中心VS.以顧客為中心

許多公司的行銷活動是隨著生產週期進行，而生產週期往往依循著四季改變，這種做法並沒有錯，在秋天行銷和秋天有關的產品的確有助於提高正當性。在季節軌道之外，你還有年度重大節慶的行銷活動，例如情人節、母親節、光棍節（亞洲）、黑色星期五、聖誕節。此外，零售業者也會為供應商舉辦行銷活動，基本上，就是供應商付費請零售商配合它們的行銷計畫，在特定期間行銷特定產品，你可以說這是零售商的商業模式翻轉之處，把顧客賣給供應商，而不像平時那般，賣供應商的產品給顧客。

圖4.1　以公司為中心的溝通VS.以顧客為中心的溝通

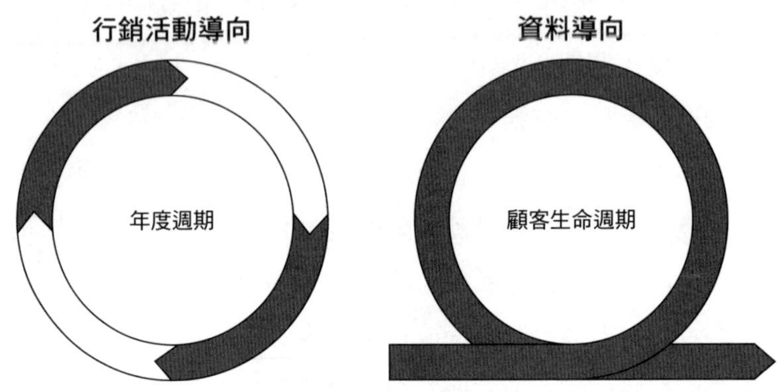

這些方法全都是以公司為中心，依循的是行銷心態，你知道特定日子即將到來，因此你為付費媒體和自有媒體準備最好的行銷活動，希望執行時使用你擁有的資料來挑選在付費媒體上瞄準的合適客群，並在自有媒體上針對每位顧客客製行銷訊息。那麼，以顧客為中心的溝通會落在何處？例如，根據性別客製溝通訊息不就是以顧客為中心？嗯，這是聊勝於無，但其實你可以做到比這個更貼近顧客的程度。你可以根據每位顧客的顧客生命週期來設定溝通時程，而非配合年度週期。顧客在不同時間點或階段也會有不同的考量，例如：是否應該購買A產品？是否應該取消訂閱？是否應該諮詢朋友的意見？資料導向的方法（參見第二項修練和第三項修練）能揭露類似這樣的事情，和某位顧客在什麼時間點可能會有這些考量，獲得洞察之後，有技巧的行銷人員便能在每個這樣的關鍵時刻發送適當的訊息。不過，這當然會需要自動化系統和資料導向的協助，因為沒有人能有效的以人工作業方式，對一個龐大資料庫裡的每位顧客發送適時適當的溝通訊息。

Interflora如何「適時」發送訊息

Interflora是一個送花網絡，它提供顧客的服務是幫忙送花給在世界上絕大部分地點的朋友、家人與愛人。想當然耳，Interflora會提醒顧客在重要節日買花送花，但坦白說，任何人都能在母親節前夕賣花，因此這並不稀奇。

真正的挑戰是，在十一月的某個普通週二（可能是下雨天）或任何非重要節慶的日子賣花。想要做到這點，你必須知道某人的生日，甚至最好知道誰會在親朋好友生日時送花（或酒，或其他特產等等）。為了做到「適時」發送訊息，丹麥的Interflora率先嘗試請人們輸入私人重要日子，例如週年紀念日和朋友的生日，而它的提醒訊息在那些最終抽出時間提供私人重要日子資料的顧客身上收到極大的效益。Interflora利用每個時機去鼓勵顧客提供私人重要日子的相關資料，但你可以想像得到，要人們提供資料是頗有難度的事，因此Interflora必須想出另一種可以獲得相同結果、但可以更大規模做到（亦即可以觸及更多顧客）的解決方法，於是它訴諸人工智慧。

雖然Interflora可以挖掘來自產品和交易的資料，但它顯然擁有更有價值的資料，而這些明顯更貼近個人情感的資料正是來自送花者撰寫給送花對象的賀卡內容。當你使用Interflora的送花服務時，你可以輸入你想隨花附上的賀卡內容，Interflora設計一套人工智慧演算法，它可以在閱讀賀卡上的內容後，高度準確的研判這次是因為什麼事件和意圖送花，以及送花者與收受人之間的關係。舉例來說，如果一位女士在去年某日贈送一份酒類禮盒給一位男士，這位女士在今年接近這一天時，將會收到來自Interflora的暗示性提醒，例如：「妳是否有熟人的生日即將到來？」Interflora對此擁有95%的把握，因此它會建議她購買這位男士可能會喜歡的東西，例如糖果或紅酒。這也使Interflora能對一大部分的顧客適時持續發送溝通訊息。接下來，我們來了解「適時」發送訊息對於一些典型的商業模式可能代表的意義。

零售業和訂閱型事業如何「適時」發送訊息

顧客生命週期可以簡化區分為三個階段：吸引、成長／發展、維繫。在吸引階段，你對顧客所知甚少，你使用瀏覽與互動資料來辨識這位顧客可能感興趣的事物，以及針對這點來接觸的可能最佳時機。一旦你建立了顧客關係，就會開啟成長階段，在這個階段，你的目的是盡可能深化顧客關係，將顧客滿意度和他（她）帶來的獲利達到最大。在成長階段，你通常會有比較多可以使用的資料，因此應該更容易提供適當的溝通。在維繫階段，顧客出現離開你的跡象，這些跡象往往是你從他們身上蒐集到的資料比正常情形減少了，雖然你仍和他們有交易，但距離他們上次購買已有一段時間，他們可能也不再開啟你寄發的電子郵件，而這很可能顯示，如果你不採取行動，就會失去這些顧客。

圖4.2描繪零售業者可以使用的顧客生命週期關鍵時點，這一小節會針對訂閱型事業提供相同的規劃，並加以闡述。儘管這些規劃並未包含顧客生命週期的所有關鍵時點，但應該足以啟發你思考如何經營事業。此外，在這些規劃中列出的許多關鍵時點也適用於類似的產業或事業單位，零售業與純電子商務和能在線上銷售的旅遊服務與其他服務十分類似，訂閱型事業則包含純數位服務（例如Netflix、HBO、Spotify），以及更傳統、能讓顧客採用訂閱方式的平面報章雜誌。「訂閱」一詞也適用於採行會員制的組織，例如工會、非政府組織、慈善組織、健身俱樂部與保險業。事實上，零售業提供訂閱型服務的趨勢也在成長當中，JustFab.com或亞馬遜的「訂閱省更多」（Subscribe & Save）服務即為零售業和訂閱模式合而為一的例子。

下面詳述零售業和訂閱型事業的顧客生命週期三階段與關鍵時點。

零售業

吸引階段

將徵詢行銷許可的訊息客製化。取得行銷許可（或註冊／簽約）是指徵詢顧客同意讓你和他們直接溝通（參見第一項修練有更多的討論），如此一來，當顧客離開你的網站或商店後，你就有機會使用自有媒體和他們重啟交談。你或許可以在徵求顧客同意讓你直接溝通時，使用立即可得的線上資料，端出客製化的誘因作為鼓勵。那麼，你應該強調何種競爭、折扣、產品類別或性別？你或許可以從顧客的資料明顯看出答案，或者使用評分模型來做出這些選擇。

這並不是一種只適用於線上的方法，它可以、也應當應

圖4.2　零售業的顧客生命週期三階段與關鍵時點

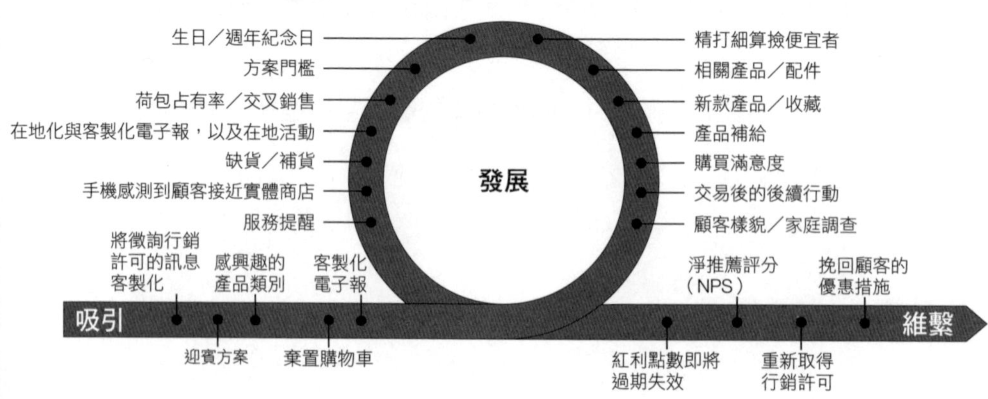

用於實體接觸點。你應該使用店內看板、傳單、更衣間內的貼紙、產品包裝上附加註記等等方法來徵詢顧客的行銷許可。

迎賓方案。這讓你有機會對選擇准許你發送行銷訊息的顧客做出一些回饋，你可以利用這個機會多加提供事業的相關資訊，使顧客確信選擇跟你生意往來是正確的決定。例如：你的事業背後有何故事？有怎樣的構想？他們預期可以得到什麼東西？你提供什麼服務，而這位顧客可能還不知道有哪些服務？為了激發顧客首次購買，你可以考慮提供一張禮券或類似的贈禮。或許，你的人工智慧模型已經從以往類似的新顧客身上學習到哪些贈禮有助於激發首次購買，這個模型便能為你做出選擇。

感興趣的產品類別。你可以透過每位顧客的網站瀏覽資料幫助你做出研判，若資料隱含這位顧客對某項產品類別特別感興趣，你就應該講述相關的種種動人故事，例如與設計師和這項產品類別背後思想相關的各種資訊，或是你可能怎麼使用這個產品的靈感。以The North Face為例，如果顧客密集瀏覽攀岩類產品，你就可以提供獲得絕佳攀岩體驗相關資訊的方法。你也可以在行銷訊息中提供優惠折扣或禮券，這取決於你在行銷溝通上的企圖心和推銷程度。如同大多數的顧客互動，人工智慧可以為你提供更詳細的資訊，幫助你確知哪些產品類別的資訊最可能迎合這位顧客。

棄置購物車。這是每一個零售商想要以即時溝通來追蹤顧客最常見的關鍵時刻，當顧客把一或多項產品保留在購物車，卻沒有完成結帳動作時，你可以採取什麼做法？你可以選擇一個便利的方法，告訴顧客，你已經保留購物車中的產品一段時間；或者，你可以推薦其他類似產品，甚至可以提供折價券，試試能否藉此激勵顧客購買。但切記，不要每次都對保留在購物車中的品項提供折扣，你應該檢視資料，研判針對每位顧客的最佳激勵誘因，你可以透過人工智慧得知棄置在購物車中的哪些品項最有可能在稍微提醒之下就促使顧客完成購買，而哪些品項可能需要提供折扣才能達到目的。

別忘了將留在實體商店購物車的產品資訊也輸入你的資料庫。如果你銷售的高價產品讓顧客無法當場下定決心購買，你應該考慮將購物車儲存在一個線上檔案，以便日後提醒顧客。北歐家具公司寶麗雅（Bolia）就在這項戰術上執行得相當成功。

棄置購物車戰術也可以做以下的變化，像是檢視「追蹤清單」上的產品，或是鼓勵顧客完成註冊／簽約。如果某位顧客花費很多時間在線上研究新車或廚房設備，或某人使用先進的APP功能，例如使用擴增實境（augmented reality）的視覺化工具來觀看新家具布置於家中的情景，這些全都是你可以、也應該用來繼續與顧客交談，藉此促進購買的關鍵時點。

客製化電子報。這大概是在顧客生命週期中最常見的溝通形式，你可以使用人工智慧建議在電子報中放入有市場區隔的內容和推薦產品，將原本一體適用的電子報變成客製化電子報。若顧客選擇透過電子報和你互動，你將能從中獲取這位顧客可能感興趣的商品線索，你應該汲取這些資料，並提供更多顧客可能感興趣的資訊。

發展／成長階段

顧客樣貌／家庭調查。這實際上可能發生在顧客旅程的任何時間點，身為零售商的你會鼓勵顧客多提供一些和他們本身相關的資訊，好讓你有機會在未來對他們提供更適當的溝通與服務；或者你會詢問他們的興趣、家庭關係（例如他們的孩子）、衣服尺碼、喜好、生日與其他特殊日子（例如週年紀念日）。還有，別忘了，這不只是線上可以使用的方法，當顧客光顧實體商店時，也是你更加了解他們的大好機會。例如，SuitSupply.com和TheTrunkClub.com之類的品牌就結合實體展示間／實體商店和電子商務來應用這項戰術。如第三項修練所述，當顧客未提供所有必要資訊時，人工智慧或許能幫助填補空缺的資料。

交易後的後續行動。請勿將這項戰術和訂單確認混淆，當顧客收到購買的產品時，你可以以此作為再次和他們接觸的藉口，或許是確認他們是否選擇正確的產品，或是確保他們手上有對這項產品做出最佳利用的相關資訊。如果顧客購買的是一項複雜的產品，你可以主動與他們接洽，確保他們取得這項產品的使用資訊；如果是一項設計型產品，你可以詢問他們的決策過程，並提供一些事實資訊作為他們的聊天主題，同時幫助他們成為品牌的推廣人員。你也可以選擇更為積極、推銷意味濃厚的溝通，推薦他們同系列或同類別的產品（或是從關聯模型預測中推薦他們可能會喜歡的產品），例如，如果某個人購買了跑鞋，你或許可以推薦他們購買襪子與緊身運動衣。

購買滿意度。你應該建立自動系統，在顧客購買後立即自動調查他們的滿意度，並分別詢問他們的購買體驗與產品體驗。如果他們給予好評，你就可以建議他們幫你推薦，或是請他們撰寫產品評價，或為你提供「使用者生成內容」（user-generated content），以此作為產品進一步的行銷資源。你可以使用人工智慧和進階資料分析來發掘導致低滿意度或高滿意度的常見因素型態。

產品補給。這項戰術可以應用在顧客經常購買或有機會成為顧客經常購買的產品，這通常會是消費性產品，例如乳液、洗髮精、鞋類、牛仔褲等等。你可以使用一些規則來研判個別顧客可能需要補給的時間點，例如根據每項產品多數人的補給頻率；或者，你可以使用人工智慧來幫助研判每位顧客最適合補給的時間點。如果顧客在某個時間點再購買的可能性很高，你就可以向顧客發出合適的溝通訊息，但務必使用具有創意的訊息，使他們認為你是在幫助他們避免用罄喜愛的產品，不會有段時間沒有這些產品可以使用。

新款產品／收藏。推出新款既有產品的時間也是成長／發展階段的關鍵時點。跑鞋就是一個好例子，多數跑鞋每年都會推出新款，例如，截至本書撰寫之際，亞瑟士（ASICS）的

「Kayano」系列跑鞋已經推出第二十五款。請記得通知購買舊款的顧客新款產品的優點，你甚至還能指導他們出售手上的舊款產品。

相關產品／配件。這項戰術與「新款產品／收藏」戰術類似，但你聚焦的並非舊產品的新款，而是一系列或一個產品類別中的新產品。它對設計型產品與廚房用具類產品最有成效，但也可應用於媒體類產品，例如同一位作者出版的新書、同一位製片人出品的新片或是系列電影。你可以透過人工智慧來辨識出最可能在同系列產品中延伸購買的顧客。

精打細算撿便宜者。這類顧客並不十分看重產品，他們比較看重購買時划不划算，當然，兩者兼具更理想。你可以使用人工智慧演算法來研判哪些顧客對購買時划不划算特別感興趣，甚至可以研判多少折扣可能「觸發」他們購買。如果你的某個供應商對一些產品提供特別折扣價，請務必通知所有精打細算型顧客。不要浪費折扣在那些通常以全價購買而不會追問的顧客身上，除非你試圖對他們交叉銷售一項新類型的產品（參見下文的「荷包占有率／交叉銷售」）。

生日。這大概是所有觸發點中最常見的一種。許多產品與服務類別都會應用發送溝通訊息給生日即將到來的顧客這項戰術，這意味的是，你必須創意十足，才能凸顯你的溝通訊息。我們經常看到一些糟糕的例子，例如當顧客收到某個品牌寄發的生日祝福電子郵件時，郵件內容並未客製化，不僅沒有考量顧客的購買歷程，也沒有提供產品推薦或折扣之類的優惠。而善加利用這個機會的一個例子是，鼓勵顧客使用「追蹤清單」功能，並將他們的「追蹤清單」分享給朋友或同儕；你也可以向他們推薦適合的產品，讓他們加入「追蹤清單」。你當然可以提供優惠或贈品作為他們的生日禮物，不過你也必須認知到他們或許想和比你更親近的朋友一起慶生，因此，你也許可以提供他們在生日接近時使用的優惠或贈品，而非只限生日當天使用。提供折扣優惠向來是不錯的生日贈禮，但你也可以考慮供應商提供的贈品、試用包、特別活動等等。如果你有實體商店，理想上，你的生日贈禮應該要使顧客光顧實體商店，好讓其他產品有接觸和吸引他們的機會。

週年紀念日。這項戰術與「生日」戰術類似，例如顧客的結婚週年紀念日。相關資料可能是由顧客自行提供，或者你可以使用人工智慧方法，如前文提及的Interflora使用人工智慧來進行推論。你也可以提醒顧客普通週年紀念日即將到來，例如：「你加入我們的會員制已滿一年」，或是：「你剛完成第十次購買。」使用這類事件來肯定你和顧客的關係史，提醒他們你重視這段關係，並提供適合的推薦產品。

方案門檻。這項戰術應用在兩種情況：第一，提醒顧客很接近某個方案的門檻，例如成為黃金會員；第二，通知顧客已經跨越某個方案的門檻。跨越一個新門檻可能會得到更多福利，例如每筆購買可以獲得雙倍紅利點數、航空公司顧客可以挑選班機上的座位、顧客可以自選一項福利等。

荷包占有率／交叉銷售。這往往是最實在的推銷。對顧客推銷他們已經購買的商品（當然，如果他們已經消費這項商品）通常比較容易，但如果你供應廣泛的品項，向既有顧客交叉銷售新類別的產品，不僅可以獲得更多營收，也可以顯著提高顧客終身價值。人工智慧和預測性分析能擴大規模辨識出適合進行交叉銷售的顧客，幫助你對他們推銷新類別的產品。使用來自線上瀏覽行為的資料時，貌似分析模型（look-a-like models）在比較顧客與產品傾向性之間的行為型態上則有相當高的成效。一旦你看出顧客購買某個新產品類別的傾向超過一定的門檻，那就是你要尋找的關鍵時點，但切記，這個門檻不要訂得太低，否則顧客會把你發出的交叉銷售訊息視為騷擾的垃圾信件。

在地化與客製化電子報，以及在地活動。這可以使用與一般電子報類似的方法，差別在於從靠近顧客生活所在地的商店發送電子報，或是發送和他們有特殊關聯性的電子報內容。公司可以准許商店經理有權影響電子報內容，放進專門針對在地的相關資訊，例如：城市或社區的哪些特色或事件可以幫助提高實用性與強化顧客關係？是否有令顧客感興趣的在地活動？請記得把當地商店經理加入電子報寄件人地址，並考慮把他們的照片甚至簽名放進電子報。

缺貨／補貨。當顧客瀏覽網站或詢問特定產品（特定尺寸），而這個產品正好缺貨時，請記得讓顧客得知他們可能會感興趣的相似產品或替代產品，或是詢問他們是否想在補貨時獲得通知。你可以透過人工智慧得知顧客可能對哪種替代產品感興趣的線索，來幫助你對顧客做出推薦。補貨時也要記得通知顧客。

手機感測到顧客接近實體商店。這項戰術大多應用在手機行銷，當顧客在營業時間接近你的某家商店時，請記得發出訊息提醒他們目前的個人折扣或其他特殊優惠活動，如此或許就能吸引他們光顧這間商店。這項戰術也可以應用在百貨公司店內不同部門的交叉銷售，例如，在顧客逛百貨公司一定時間後，向他們推銷百貨公司裡的美食廣場。

服務提醒。這項戰術與「交易後的後續行動」類似，但通常應用在較久之後的情境。有些產品需要在一段期間後向顧客發出服務提醒，例如：自行車在一段期間後必須檢查煞車和調整輻條、汽車零件必須維修或更換、視力必須定期檢查。你應該把這類和顧客再度接觸的機會自動化。

維繫階段

通常你可以說，維繫零售業顧客是發展顧客關係的一部分，但是當情況開始變糟時，你仍然有一些招術可以使用。

紅利點數即將過期失效。這是嘗試挽留顧客的一種微妙方法。如果你的公司有會員紅利點數方案，那麼顧客應該會有一些即將過期失效的紅利點數，這種通知看起來就像是一種純粹的服務。因此，你除了告訴他們有多少紅利點數將在何時失效，也應該建議他們使用紅利點數來購買哪些產品，而人工智慧能幫助你辨識最可能因為這種方法說服的顧客，以及可能說服他們的誘因。

淨推薦評分（Net Promoter Score, NPS）。這是一種常見的顧客滿意度調查形式，它並非直接詢問顧客的滿意度，而是讓顧客用0到10分來評估向朋友或同事推薦產品／服務的可能性。如果他們的評分介於0到6分，很顯然你必須處理這個問題，了解出錯的部分與可能的補救措施。如果他們的評分是9或10分，代表他們很願意推薦，那麼你應該指導他們推薦的方法，或許你可以提供誘因激勵他們行動，你也可以提供如果推薦成功將會給予雙方的好處。第五項修練會討論如何使用淨推薦評分來取得寶貴的洞察並優化整個事業。而如第三項修練所述，瑞士的有線電視業者CableCom便是使用人工智慧來了解這類回饋，並預測所有顧客的滿意度。

重新取得行銷許可。這是一種讓顧客知道你注意到他們減少和你往來，然後試圖恢復以往活絡互動的戰術。使用這項戰術的觸發點是觀察這位顧客最近一次開啟你的電子郵件、最近一次購買或最近一次登入網站帳戶的時間，或是透過人工智慧模型去辨識顧客即將脫離關係的微妙跡象。當你覺察到這種跡象時，別再只是繼續保持平常的行銷步調，你應該正視顧客和公司互動減少的事實，並再次徵詢顧客給予行銷許可，或是提供他們降低溝通頻率的可能性。如此一來，不僅能讓顧客知道你注意到這個事實，對你在電子郵件服務供應商的郵件寄件人聲譽也有所幫助。當你降低對不投入的顧客寄發電子郵件的頻率（或甚至取消訂閱）時，電子郵件的平均開啟率將會提高，這也將提高你的電子郵件可送達率，避免接到垃圾郵件的申訴，並提高Gmail和Hotmail之類的電子郵件服務系統將你的電子郵件傳送至收件匣（而非轉入垃圾郵件匣）的機會。

挽回顧客的優惠措施。這是最後才要訴諸的戰術，你已經太久沒有接到這些顧客的生意，他們必然已經轉往別處消費，因此你必須採取行動挽回他們。通常，挽回顧客的最佳方法是直接透過溝通，並利用折扣、適合的產品與活動等當成誘餌，再使用人工智慧幫助你選擇最有可能對個別顧客奏效的方法。你也可以使用這個關鍵時點來深入了解這位顧客不再向你購買的理由，詢問他們原因，感謝他們提供小小的協助，說不定光是提出這個詢問就足以使他們重新考慮向你購買，是的，很諷刺的是，請他們幫助你反而使他們更喜歡你。

訂閱型事業

訂閱型事業使用許多和零售業相同的戰術，包括將徵詢行銷許可的訊息客製化、客製化電子報、顧客樣貌／家庭調查、重新取得行銷許可、挽回顧客的優惠措施，這些戰術完全適用於訂閱型事業，因此下文不再複述。下文會探討專門針對訂閱型事業的一些新戰術，藉此提供靈感給你。

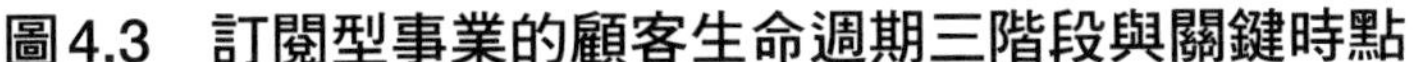
圖4.3　訂閱型事業的顧客生命週期三階段與關鍵時點

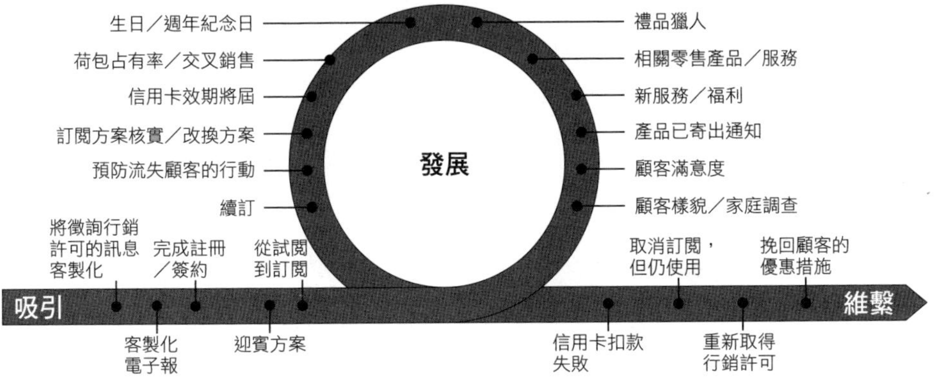

吸引階段

完成註冊／簽約。這項戰術與零售業的「棄置購物車」戰術類似。在這個關鍵時點，潛在顧客幾乎要完成購買程序，但最終並未完成。你可能已經取得行銷許可，能透過APP上的推播訊息、瀏覽器通知功能、電子郵件或其他類似管道直接和他們溝通，那麼你就可以加以提醒他們幾乎要完成註冊／簽約流程，你也已經存下先前的操作，因此無須從頭開始整個流程。人工智慧能幫助你研判哪些顧客最可能完成註冊／簽約，這些都是你應該聚焦的顧客；另外，人工智慧也能預測哪些「輕推」舉動最能說服他們完成註冊／簽約。

迎賓方案。這項戰術也可應用在訂閱型事業，但和零售業不同，在訂閱型事業，你大概需要花些時間告訴顧客你的訂閱服務有哪些選擇和好處。你應該使用資料分析得出的洞察，而且務必激勵顧客去做能夠產生較高顧客終身價值的事。你也要鼓勵他們下載APP，建立通往客服中心的捷徑，同時提供正確使用應用程式或APP的相關諮詢服務，使他們可以有一個好的開始。最後，你必須追蹤他們實際上做的事，並提醒他們去做其他事。

從試閱到訂閱。如果你有在招攬新訂閱戶的流程中提供試閱，你才能使用這項戰術。你可以說，把試閱者轉化為付費訂閱者是從一個好的迎賓方案開始，但是，在接近試閱期結束時，你應該開始向顧客說明成為付費訂戶的種種好處。如果顧客在試閱期間重度使用你的服務，你可以考慮使用互動資料來指出這點，並說明使用你的服務會帶給他們的價值與（或）快樂。此外，別忘了溝通成為付費訂戶的相關資訊，例如，如果顧客想成為正式訂戶，是否需要提供其他資訊，如帳務資訊？人工智慧可以根據試閱期間的顧客行為，預測每位試閱顧客轉化為付費訂戶的可能性，而對於那些訂閱可能性較低的顧客，你可以考慮延長試閱期，以及再提供簡單版本的迎賓方案。

發展／成長階段

產品已寄出通知。這主要應用在發行刊物（例如雜誌）的事業，這類事業應該考慮在寄出新刊時通知訂戶，讓他們可以期待收到刊物，畢竟人們現在未必經常去查看實體信箱。在刊物已寄出的通知函中，別忘了敘述訂戶應該開啟閱讀這期雜誌的理由，這期雜誌中有哪些文章適合這位訂戶閱讀？而人工智慧能告訴你哪些內容可能迎合特定顧客的喜好。

新服務／福利。這是指推出新產品或提供訂戶新福利時，新類型的價值訂閱服務，例如提供給健身俱樂部會員的營養補充品，或是一般福利，像是提供訂戶一份特別的零售折扣。你應該與合適的顧客溝通你所提供的這些新服務／福利，或是由預測模型辨識出較有可能接受這些新服務／福利的顧客。切記，不要只是透過專門的行銷活動來提出新服務／福利，你也應該將它納入既有自動溝通系統（例如迎賓方案）。

相關零售產品／服務。這是有附屬電子商務商店的訂閱服務事業採行的一種方法。若忠誠的既有訂戶得知新顧客可以獲得迎賓禮物，而他們這些既有顧客卻沒有享有任何優待，這顯然非常不合理，因此，常見的一種做法是讓既有顧客可以用非常優惠的折扣購買特定品項。當出現適合特定訂戶的產品時，務必要告訴他們，並要將它包含在你的尋常戰術中。與零售業相同，你可以使用人工智慧來研判最適合個別顧客的產品，以及多少的折扣可能打動哪些顧客。

荷包占有率／交叉銷售。訂閱型事業的這項戰術與零售業有些不同，零售業交叉銷售的是產品，訂閱型事業交叉銷售的則是另一種訂閱刊物或服務。顧客對特定刊物或服務的愛好與傾向，加上來自第三方的顧客地址所屬社區的相關資料，很可能會顯示出有其他種類的刊物或服務適合這位顧客。例如：訂閱時尚雜誌的顧客是否可能也對親子雜誌感興趣？需要電力服務的顧客，是否也附帶需要高速網路服務？預測顧客接受其他訂閱服務傾向的關聯性演算法與模型可以提供這方面的指引。

信用卡效期將屆。這大概是所有訂閱型事業都必須採行的一項戰術，它非常容易，而且非常有助於避免大量不必要的顧客流失。當顧客登記的信用卡效期即將到來時，務必對他們發出提醒通知，他們很可能已經收到銀行寄發的新卡，如果他們喜歡你的服務，只要加以提醒，他們便會很樂意提供新卡資訊。人工智慧方法可以幫助你辨識可能導致他們猶豫而不提供新卡資訊的潛在不滿原因，讓你能搶先採取適當的留客行動。

訂閱方案核實／改換方案。你應該定期發出這類溝通。縱使沒有發生什麼事，你也應該採取這個行動，以確定顧客是否認為他們選擇合適的訂閱方案，或是鼓勵他們轉換為更合適的訂閱方案（如果你的資料顯示其他方案更適合他們的話）。例如，如果他們的電價改換為浮動費率，是否能降低每月電費？選擇涵蓋免費國際漫遊的電話資費方案是否較為有利？選擇單一費率的語音通話方案是否較為有利？或許這意味的是你的營收會減少，但勝過讓顧客感覺多付不必要的冤枉錢，當心一旦顧客得知你沒有幫助他們選擇更有利的訂閱方案，或是他們發現競爭者提供更有利的方案時，可能就會轉投競爭者的懷抱。第三項修練討論的人工智慧方法（包括優化在內）能幫助你決定對每位訂閱戶的最佳費率。

預防流失顧客的行動。這項戰術可以應用在顧客關係的任何一個時間點，通常是在人工智慧模型偵測到有顧客流失風險時所訴諸的預防行動。此時通常會採取「下一步最佳行動」（參見第三項修練），挑選鞏固長期顧客關係最適當的行動。

續訂。這大概是你想要訂戶做的事。如果你的服務都做得不錯，當訂閱期滿時，你大概只需要向顧客徵詢續訂的意願，或是他們已經自動續訂。如果有顧客流失風險，而且你能事先預期到（或許是預測模型幫助你預期到這個風險），你就應該祭出適當福利或贈禮來挽留那些很可能轉投競爭者懷抱的高流失風險顧客。

維繫階段

信用卡扣款失敗。當信用卡扣款失敗時，通常並非顧客想取消訂閱，只是因為他們無法記得所有使用信用卡付款的地方。例如，當他們更換銀行時，他們的原信用卡會失效，一些定期自動扣款的消費或繳費便會突然發生扣款失敗的情形。在這種情況下，你只需要發出簡單的通知，教導他們提供新資訊的方法並恢復訂閱。

取消訂閱，但仍使用。這是指在顧客取消訂閱後，仍向顧客提供使用服務的選擇。當資料顯示發生這種情形時，你有不錯的機會可以提供特別的「盡早挽回顧客優惠措施」，你可以詢問顧客是否願意再度簽約，或許你可以提供他們「免收開辦費」的優惠。

適當的戰術

正確掌握「時機」是朝適當的戰術前進的良好步驟，但這並非總是適用、而且能滿足所有需求的通用戰術，因此我們將在這節探討其他適當的戰術。

下文會介紹一些可以使顧客感覺到你的溝通迎合他們需求的戰術，你可以加以應用，提高他們接收你的溝通訊息的可能性。這些戰術可以應用在各種通路與規模，同時也能用以提高成效。而根據它們產生的「以顧客為中心」程度，這些戰術又可區分為幾個等級，構成全通路六邊形模型中其中一個金字塔（參見圖4.4）。

背景時機

背景時機（contextual timing）是指配合目前發生的事件來發送行銷訊息，事件可能是一場大型活動，或是今晚的電視節目，這種時機的挑選也可能跟天氣有關。這個概念又稱為「即時行銷」（real-time marketing）。

英國的必勝客（Pizza Hut）使用網站上的客製化工具，根據當地天氣預報決定發送優待券的時機。必勝客依據它的資料得知餐廳生意在大晴天通常不十分熱絡，因此它會在天氣預報顯示好天氣的那些日子提供優待券，並進行宣傳，以增加餐廳生意。

圖4.4 「以顧客為中心」的戰術成熟度

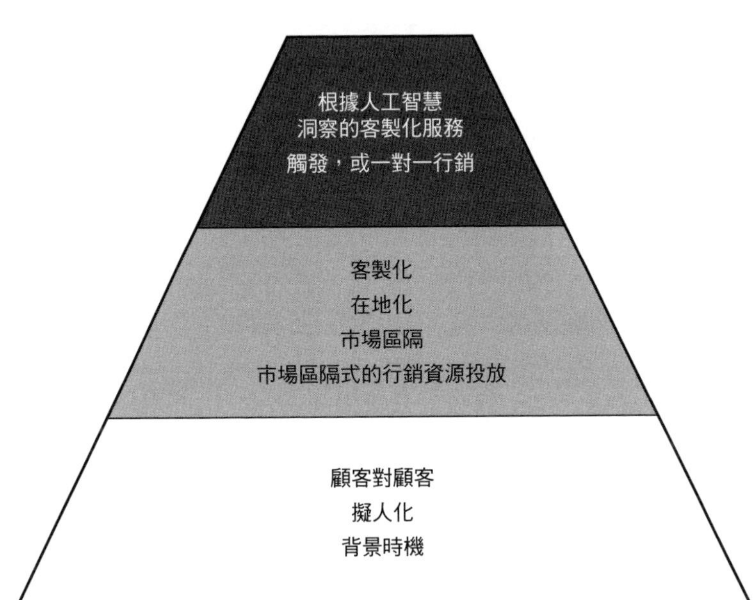

擬人化

擬人化是指發送溝通訊息時，不使用品牌名稱，而是使用另一個名字，使這則訊息的發送者看似一位真人。在電視上，品牌往往會藉由名人在廣告中談論產品或作為優良公關工作的延伸，或是更微妙的將產品置入娛樂節目。

不過，在更個人的一對一交談中也可以使用這項戰術。有些品牌會讓專家（真人或虛擬人士）代表品牌來談論與消費者相關的主題。例如電子郵件，寄件人一欄顯示的可能是一位真人，如果顧客點擊電子郵件的「回覆」鍵，彷彿那一端收到回覆的就會是那個人；此外，電子郵件的內容也是以私人風格撰寫，上面只有少許品牌行銷元素，信末可能還會有一個掃描的簽名，因此整封電子郵件看起來就像是私人撰寫，但實際上，內容和寄發時間仍然可以自動化。

顧客對顧客

即使你沒有很多個別顧客的相關資料，仍然可以透過總體層級的市場洞察，極有效的貼近一大群顧客，令他們感覺你的溝通訊息對他們很實用。「好自在」（Always）衛生棉墊和棉條就是一個例子，它推出「like a girl」（像個女孩）行銷，導引人們關注青春期可能引發青少女的不安全感，使「好自在」品牌在無形中成為解決方案之一。

另外，透過付費媒體的大規模行銷，往往也能啟動類似的談話。過去幾年，有不少公司開始使用傳統媒體以外的影響力人士來協助行銷，有時甚至以影響力人士取代傳統媒體。而所謂影響力人士是指在社群媒體上擁有大批粉絲、知名度高且能為你傳播訊息的人，無論你的訊息是一個複雜故事，或是一項新產品。

市場區隔式的行銷資源投放

在難以或不可能精確針對特定個別顧客傳送合適訊息的通路上，你仍然有機會對你投放的行銷訊息做出某種市場區隔。

如果你使用的是戶外看板，你可以透過對特定城市與社區中特定類型居民的了解來做市場區隔；同理也適用於電視廣告時段或橫幅廣告的投放，在特定頻道、電視節目與時段接觸到高吸引力目標客群的機會也較大。

市場區隔

市場區隔是指決定對誰傳遞特定行銷訊息。你根據特徵來區分顧客為不同客群，有些特徵會比其他特徵更持久，例如絕大多數人的性別是一種永久性特徵，訂閱狀態則可能會因為時間而改變。如果你的市場區隔是建立在高度動態的資料上，並且是自動更新，那麼請你跳過這一小節，直接閱讀「觸發」小節。

如果你對顧客所知並不多，你就可以使用人口統計特徵來進行市場區隔；如果你擁有成熟的資料分析，你可以根據顧客行為來進行市場區隔，這些市場區隔則跟顧客終身價值的高低或特定性格表徵有關。

當你要傳達特定行銷訊息時，你應該決定要傳達給哪種市場區隔的顧客，才不至於浪費顧客的注意力，或是浪費高比例的廣告經費在沒有區隔的市場傳遞不適當的訊息。如果你使用的是付費媒體，那麼瞄準的客群時常被稱為「受眾」（audience）。

在地化

在地化介於市場區隔和客製化之間。在地化雖然不涉及直接根據個人資料的客製化，卻仍能有效的雕琢更切合當地狀況的行銷內容。由於各國和各地擁有不同的文化遺產，特定族群和地區的文化又有些差別，因此當你想推出全球的耶誕節行銷時，請切記，並非人人都會慶祝耶誕節，還有，南半球的耶誕節並不是在冬季。你不能只是將「耶誕節快樂」全部改成「季節祝福」，而該考慮根據資料和你對特定地區或國家的知識來打造在地化的行銷訊息，並在使用的模型中考量信仰、氣候區、人種等等因素再做出最適合的搭配，讓最可能慶祝耶誕節的顧客收到「耶誕節快樂」的訊息，而那些可能不會慶祝耶誕節（但很可能仍然有幾天假期）的顧客收到「季節祝福」的訊息。

在「在地化」這項戰術中，要考慮更務實的事項包括哪些產品實際上在哪些市場上供應。此外，如果你在行銷訊息中含有促銷與價格，那就必須考慮各國貨幣的差異性。

跨國玩具製造商樂高公司在對德國和法國的受眾行銷時，採取行銷訊息在地化的方式。對於德國的受眾，樂高訴諸的是高度建設性的行銷訊息，強調父親能和孩子一起建造積木模型，正如童年時和父親一起歷經的回憶；對於法國的受眾，樂高則不能訴諸童年經驗，因為許多法國人童年玩的是樂高的競爭品牌「摩比」（Playmobil），因此它的行銷是以較有趣、女性化的訊息來瞄準母親購買。

客製化

客製化通常泛指做到針對個人量身訂做。在此，我們所謂的客製化，指的是當你直接和顧客溝通時，你必須決定溝通或展示的東西；換言之，就是決定溝通內容。

客製化可能是指你研判針對每位顧客行銷與展示哪種產品，這很容易做到，因為內容已經在你的產品型錄中，比較棘手的是你必須決定向誰行銷哪些產品。如果你想把更重要或創意的內容予以客製化，你必須決定你需要多少種版本，並考慮這種做法需要使用的資源。如果你在資料分析的使用上十分嫻熟，你就能在其中找到答案（參見第三項修練）。

如果你想溝通的對象是健身俱樂部中所有高度可能退出俱樂部的會員，這是透過人工智慧辨識出來高流失風險的顧客，那麼你或許應該針對這些顧客所屬的客群來研擬溝通訊息。例如，為了鼓勵年長會員繼續留下來並積極參與健身活動，需要的溝通訊息、說服論述和語氣可能與針對追求健壯的年輕男性會員的溝通訊息大相逕庭。

你可以使用根據顧客樣貌資料或人工智慧建立的市場區隔來研判如何客製大量的行銷內容，至於產品的客製化，則應該使用人工智慧來提供自動化的產品推薦。

觸發，或一對一行銷

時機，時機，時機，如果要在客製化和時機之間做選擇，我們選擇的是時機。一個在適當時間對合適對象發出的適當訊息，產生的成效幾乎都明顯大於其他任何的行銷。由資料中的特定條件引發的一次性行動稱為「觸發行動」（triggered actions），例如觸發電子郵件、觸發訊息或觸發溝通流程（trigger flows，在顧客生命週期的同個時點上有多個相關的溝通訊息同時發出）。觸發未必是人為，也可能是人工智慧模型的自動化觸發（監測每位顧客資料的人工智慧模型能辨察發送訊息的適當時機與訊息接收對象最能接受訊息的時刻）。我們在上一節已經探討許多你可以在顧客生命週期的適當時點上觸發適當溝通訊息的相關例子。

根據人工智慧洞察的客製化服務

上述適當的戰術主要與你能選擇向顧客發出的溝通有關，亦即你是溝通的主動方，但顧客也可能主動找上你，那麼你會在顧客自己上門的集客式（inbound）通路中與他們相遇。除了你的網站（在網站上，前述戰術也適用），你的員工將會在實體商店、客服中心（聊天室、電話客服中心或實體客服中心）與顧客相遇，而在這些狀況下，重點是你的員工也知悉你在向外（outbound）溝通時所根據的洞察，如此一來，他們才有機會對顧客做出同等適當的溝通。如果你能將使用數位工具獲得的洞察結合舊式的微笑服務，你就能帶給顧客難忘的體驗。（關於零售業中這項戰術的應用，參見下文有更多討論。）

在根據人工智慧洞察來提供客製化服務方面，「下一步最佳行動」的原則（參見第三項修練）極為實用。下一步最佳行動是由人工智慧模型推算或研判你接下來應該採取什麼行動最有助於你和這位顧客的關係。一個非創造營收的行動，甚至是有成本的行動（例如發送禮券向受到糟糕服務但未必提出申訴的顧客表達歉意），可能勝過創造營收的銷售行動，因為它降低顧客流失的風險，就長期而言，將產生更高的顧客終身價值。「下一步最佳行動」在為個別顧客提供服務的互動，以及在實體商店內見到顧客時特別有用。

如何結合客製化與觸發戰術

如果取得大量顧客的行銷許可，因而取得大量的顧客資料與洞察，你便可以結合客製化與觸發戰術來提高效果。

舉例來說，你已經推出健身俱樂部新會員迎賓溝通流程，你很容易就能正確掌握時機，在顧客註冊和簽約後，應該立刻讓他們收到第一則訊息，內容可能是關於會員的運作和如何充分利用會員權益與福利。你很可能製作一體適用的新會員迎賓溝通流程，包括進入俱樂部和預約健身課程的實用資訊、參加訓練課程的重要性、可預約個人教練、訂定訓練目標的重要性等等相關主題，顧客大概對這些資訊都有不錯的反應，但不同市場的顧客反應不一，因此，如果通用溝通流程成效指數最高為100，「B客群」(例如年長會員)的成效指數可能只有80，那你就必須謀求改善對這個客群的溝通流程。請思考你可以如何改變溝通訊息、形象和語氣，以改善對這個客群的溝通流程(參見表4.1)。

戰術選擇

如果你想知道哪些戰術最好，答案是：不一定。如果你在獲取顧客與了解他們方面出些問題，自然應該使用前述的一些戰術來訴諸大眾傳播；如果你已經擁有大量的顧客，但在維繫顧客或對他們銷售方面面臨更多的挑戰，你就應該取得行銷程許可與資料、尋找洞察、盡可能將你的溝通客製化與適時適當化。

無論你取得每位顧客多少資料，歷經時日，他們都將接觸到各種一對一、客製化、市場區隔與大眾傳播的行銷訊息，他們將會收到客製化電子郵件、APP的推播、經過市場區隔或一

表4.1　通用迎賓溝通流程成效VS.依據市場區隔客製化迎賓溝通流程成效

	A客群	B客群
通用迎賓溝通流程	成效指數：100	成效指數：80

	A客群	B客群
通用迎賓溝通流程	成效指數：100	—
B客群的 客製化迎賓溝通流程	—	成效指數：100

體適用的電子報，也會在電視廣告、戶外廣告和低針對性的行銷活動中看到你的品牌。

各種通路行銷訊息的客製化程度自然有別，這是因為並非所有通路都同等的互連與整合，因此竅門就在於找出進一步客製化已不再有利可圖的那些點，也就是所謂的「反曲點」（inflexion point）。然而，反曲點並非固定不變，因為伴隨你的客群、顧客資料與洞察數量的增加，以及媒體市場的演進，各種通路的溝通訊息會愈來愈容易客製化。

一對一的溝通有利可圖嗎？答案顯然「是」，而且甚至到了你認為不可能的程度。不過，這需要你取得大量的行銷許可與顧客和潛在顧客的資料，同時你必須能有效使用這些資料。

一對一溝通與自動化背後的商業模式是高度漸進的，歷經時日，它們能以同樣的力氣創造愈來愈多的價值。舉例來說，一個自動化運作的迎賓方案一旦建立並開始運作後，就會日復一日的持續創造價值，於是，為了創造最大價值，突然就變成取決於你能多快速部署多種自動化溝通流程。

典型的全通路商務活動特色

除了前文提及的實用性戰術，還有一些典型的服務特色是實體零售業的全通路公司應該加以認真考慮的。由於許多購物者都將這些特色視為理所當然，因此，若是你沒有加以實行，將無法滿足顧客的期望。

到實體商店退貨。顧客無法將線上購買的產品拿去同個品牌的實體商店辦理退貨是最令顧客感到沮喪不滿的事情之一。如果你的實體商店店員告訴顧客：「抱歉，我們不接受在電子商務商店購買的產品在實體商店辦理退貨，因為那是不同的事業單位。」顧客會非常失望。為了讓線上購買的產品可以在實體商店辦理退貨，你可能會需要調整公司的員工獎勵制度和一些物流作業，因為消費者已將線上購買的產品可以在實體商店退貨視為「入場籌碼」(基本的必要項目)。

網路下單，門市取貨。這是指在線上購買後，再到實體商店取貨，我們已在本書前言一開始的故事看到這個例子，黛比在諾斯壯百貨公司的網站下單後，再前往附近的諾斯壯實體商店取貨。這種做法能顯著改善線上購物的轉化率，並讓實體商店有機會進一步追加銷售。[2] 不過你必須讓實體商店具備接待這類顧客的能力，你甚至可以考慮在店內開闢專區或部署專門人員來處理這些顧客和訂單，而你也應該監控店內的存貨，以確保顧客上門時有庫存。

無盡的貨架。實體商店的貨品陳列空間自然有限，無法供應所有種類與尺寸的產品。聰明的全通路零售業者讓顧客可以在實體商店裡線上購買，若是店內沒有特定種類或尺寸的產品，銷售人員仍然可以協助顧客訂購線上的存貨，並直接遞送到府。有些商店則會在店內設置自助服務機（in-store kiosk），讓顧客自己操作線上訂購。

分開訂單。能用兩件商品的價格購買到三件商品自然是誘人的特惠，但理想上，這類促銷應該要轉化為讓顧客可以選擇在店內取兩件商品，剩下一件商品直接遞送到府。

線上保留商品，到店取貨與付款。這是「網路下單，門市取貨」的變化版本，是顧客到店取貨時才付款。這種做法有助於進一步提高轉化率，但執行上必須多費一些心力，因為這往往牴觸傳統的員工獎勵制度（銷售業績會從線上商店轉移至實體商店），而且零售商必須保留貨品給未必會到店取貨的顧客。此外，這也高度需要準確的存貨管理，並且必須對實體商店店員做好訓練。

由實體商店出貨。嚴格來說，這並非全通路零售業必備的特色，但仍是值得考慮的選擇：顧客在線上訂購後，由在地實體商店出貨，遞送到府。若你很擅長存貨管理，你可以將訂單交給在這個品項上銷售狀況不佳的某個商店來出貨。另外，這種做法也可以避免顧客在網路商店面臨「售完」的情況。

在實體商店使用顧客資料

除了前述典型的全通路商務戰術，在實體商店辨識顧客與取得線上的全部顧客樣貌也很重要，因為在顧客尚未下定決心購買時，這些資料往往會左右銷售的成敗。先在實體商店檢視或試用產品，再前往線上購買，這種行為稱為「逛店後網購」（showrooming）；反之，先在網站上瀏覽，再前往實體商店購買，則稱為「網站瀏覽後店購」（webrooming）。

在全通路的早期，零售業者都會擔心人們來到實體商店試用各種款式的商品，並經過店員花費很多時間解說後，最終卻沒有購買，反而是回家後到一個價格較為低廉的競爭網站購買。由於無法阻止顧客這麼做，因此零售商或許可以善加利用與顧客親自接觸的優勢。

使用先前在數位與實體通路中和顧客互動的資料與洞察，再加上只有親身服務才能給予的現場反應、觀察與親近性，便能提供一個創造良好顧客體驗的獨特基礎，而無論顧客使用各種通路的順序如何，當你在實體商店與他們接觸時，你都可以善加利用這個獨特基礎來發揮最大效益。如果你能提供無縫接軌的溝通與服務，並且讓顧客縱使在轉換通路時也很容易繼續他們的購買旅程，最終仍有機會贏得顧客的信任。

不過這並沒有簡單的解決方法，如果你不在各種通路之間做到一定程度的整合，你將無法造就上述情境。另一方面，由於全通路的效益十分可觀，因此你不該輕言放棄實體商店，你也必須切記，即便擁有再多的資料，都彌補不了實體商店店員板著臉孔對待顧客所造成的傷害。

有許多大品牌已經嘗試在實體商店中納入科技應用，但只有少數公司成功藉此變得更親近顧客，其中有一些出色的例子，它們在實體商店中的科技應用已經不只是耍些花招與把戲而已。

宜家家居就是一個範例，它讓顧客可以使用數位科技建構一個新廚房到相當完整的程度後，才考慮和實體商店店員進行商談。顧客可以在舒適的家中，到宜家家居網站上以數位建構和觀看未來的廚房，做出各種選擇與決定，並看到價格。當顧客決定光顧宜家家居實體商店時，店員會詢問顧客是否已在線上建構廚房，接著便會協助顧客找到線上建構圖，並用他們的專業協助顧客做出最終決定。這種做法為所有人節省下許多時間，最終也提高廚房設備的銷售業績。

另一個例子是國際時裝連鎖店Suitsupply。顧客初次光顧Suitsupply的實體商店時，店員會徵詢顧客同意為他們丈量尺寸，並儲存這些資料供顧客未來使用。若是顧客在線上想要多訂購幾件襯衫，他可以有信心Suitsupply會供應完全合身的襯衫；或者，若是他來到實體商店，想要找尋一件新的晚禮服，店內也會有他的尺寸資料。Suitsupply透過讓所有通路都能取得儲存的顧客資料，使顧客相當容易就能購買如同量身訂做的衣服。[3]

貼近顧客，但別嚇到顧客

經常有人問我們，這些使用顧客資料的做法是否會嚇壞顧客。顧客之所以產生疑慮，通常是因為即便知道公司在蒐集他們的某些資料，他們可能還是沒有充分了解公司能利用這些資料做的事情。當公司在網站上根據顧客以往的購買資料進行客製化產品推薦時，多數人並不會感到驚訝，但其他種類的資料蒐集則相對較為隱祕且不為人知，因此縱使是在獲得顧客許可之下蒐集仍可能嚇著他們。以第二項修練提到的例子來說，很少人知道網路電影資料庫是亞馬遜公司旗下的網站，而且亞馬遜取用它蒐集的資料。

為了避免顧客對你使用資料的方式感到不安，你應該：

- **考慮訊息接收者的年齡層：**年紀愈大的顧客愈有可能對客製化感到不安（話雖如此，這只是一個概括法則，在個人層面仍有許多例外）
- **考慮你的觸發訊息的直接程度：**如果你是根據訊息接收

者可能不知道他們被蒐集的資料來發出溝通訊息，你應該稍加稀釋訊息中的推理，使它看起來多幾分偶然與巧合

- **考慮顧客在這個溝通管道接收到客製化訊息的尋常程度：**例如，在橫幅廣告或臉書上非常明顯的客製化可能會令顧客感到毛骨悚然

結合商業規則和人工智慧

演算法和人工智慧或許非常有助於對溝通與訊息做到大規模的客製化，但請勿完全仰賴人工智慧來產生完美的建議，你仍然需要使用人為的判斷：評估人工智慧的產出，結合應用商業規則和人工智慧。

如果只是仰賴人工智慧，而不輔以人為的互動和商業規則，事情可能會朝你意想不到的方向發展，因此，我們高度建議你必須加入人為的監督管理。舉例來說，My Handy Design仰賴人工智慧從網際網路上尋找圖像，並自動化的使用這些圖像來製作客製化的iPhone手機殼，接著在亞馬遜網站上銷售。然而，這種做法卻產生一些非常荒唐的iPhone手機殼，包括成人紙尿褲手機殼，甚至是使用網際網路上最黑暗角落的圖像製成的手機殼。[4]

較不那麼可笑、但或許更廣泛出現的類似情形是，一家運動商品零售商使用人工智慧挑選最可能成功銷售給特定顧客的

產品。在挑選這些產品方面，這套演算法的表現很好，不過它挑選出來的產品都是黑色，儘管就技術上而言或許正確，但卻構成視覺上極度枯燥乏味的電子郵件，因而激發不了任何人的興趣。

另外，推薦產品時，總是會有例外的情形，例如，雜貨店沒有理由推薦人們購買牛奶，因為消費者自己知道是否有這個需求；或者，你銷售的一些產品是需要審慎斟酌是否應該推薦，例如驗孕棒、性玩具。

通路

描述所有可和顧客溝通與服務顧客的通路並進行分類是件吃力不討好的事，我們確信，六年後再來閱讀這一節時，一定會出現至少一個新社群媒體是所有人都認為我們應該提及的。此外，較傳統的媒體也將進一步朝數位化邁進，或許它們能在全新的環境背景中辨識消費者。現在，公司必須應付的媒體和通路已多不勝數，我們在此僅討論表4.2列出的通路。

表4.2　通路列舉與說明

通路	說明
電視	主要是電視廣告（但參見「公關和影響力人士行銷」一欄）。
電台	主要是電台插播廣告（但參見「公關和影響力人士行銷」一欄）。
印刷品（平面媒體）	傳統是指在發送至家戶的報章雜誌裡刊登的廣告或夾頁廣告（但參見「公關和影響力人士行銷」一欄）。
戶外	在公車站、佈告欄、建築物牆面、海報區等等地方置放的廣告。
實體商店內	公司自家的商店網絡（自營店和店中店），包括店內螢幕、顧客廣播、看板、店員詢問顧客等等。
包裝	產品包裝與貼紙、瓶罐上的行銷紙套等等。
活動	特定時間在特定地點舉辦的活動，品牌是主辦者或贊助者。
電話客服中心	亦即以人工處理公司撥出或顧客撥入的電話。
展示型廣告	出現於公司自家網站外的橫幅廣告，公司可以購買廣告版面、即時競價廣告（real-time bidding）、再行銷（retargeting）等等，包括在臉書、LinkedIn、YouTube等社群媒體上的廣告。
搜尋行銷	在Google、雅虎和Bing等搜尋引擎上的廣告。
網站	公司自家的網站（行動版和電腦版）也可以作為銷售與行銷通路，這些包含產品與其他各種內容，可用於內容行銷與優化搜尋引擎。公司的部落格也屬於這一類的通路。

App	公司的App，例如透過蘋果的App Store或Google的Google Play下載安裝的行動App。App可以內含使用者工具，也可用來作為推播溝通訊息的通路（若取得用戶同意的話）。這個通路的一個優點是，你可以徵詢用戶准許你從用戶安裝的其他App（例如行事曆、圖片庫、相機）取得資料，以獲得更多與顧客有關的知識。
簡訊	公司發送的簡訊，但也包括顧客端傳送進來的簡訊，可以蒐集資料，並觸發溝通訊息。
電子郵件	系統化電子郵件，如電子報與觸發電子郵件，以及公司與顧客之間的人工電子郵件通訊。
直接郵件	主要是公司的服務信函與直接郵件。
社群媒體	例如臉書、推特、LinkedIn、YouTube、Instagram等等，堪稱最動態的一個通路類別。曾經只有Myspace這個社群媒體，但後來社群媒體如雨後春筍般出現，包括Google+、Pinterest、Snapchat等等。涵蓋付費媒體、自有媒體、贏得媒體（Earned Media）；可作為病毒式行銷（viral marketing）的孵化器，尤其是若有大筆媒體預算的資助，和有合適的影響力人士免費或收費代為傳播訊息更是如此。
公關和影響力人士行銷	與其說公關是一種通路，不如說它是一種修練。公關工作包括設法使其他媒體提及與（或）談論公司的故事與產品，這些媒體可能是中央控管型媒體（例如電視）、報章雜誌或社群媒體上的影響力人士媒體通路。數位型公關的一個優點是，它通常會內含公司網站的連結，這對公司在Google上的排名有正面影響。
裝置	裝置是相對較新的通路類別，這類通路讓你可以透過顧客購買的數位產品來和顧客互動，例如向特斯拉汽車溝通與特斯拉汽車發出的溝通，或是來自蘋果手錶或Fitbit的通知。這個通路類別仍然相當年輕，但它是令人熱切期待與觀察的一個通路類別。
聊天機器人	這也是一個相對較新的通路類別。聊天機器人是自動化機器人，用於回答顧客疑問之類的服務，背後或多或少使用簡單演算法和自然語言處理的人工智慧，以及一個大型知識庫，使它們能對最常見的問題做出正確回答。伴隨人工智慧和演算法趨於成熟，我們可以想像，在未來，比起新進的客服人員，顧客將更偏好和機器人聊天。

必須現身每一種通路嗎？

現身所有通路毫無道理，因為這麼做絕對不符合成本效益。你應該限縮在有資源去連結整合以創造完整顧客體驗的通路，而非為了現身每一種通路分散資源與心力，導致每種通路的執行成果都不理想。應該現身哪些通路也和市場與地區有關，例如在中國，你應該認真考慮使用微信這個社群媒體通路，但在歐洲就不太需要。

如何區別通路？

你可能會感覺難以評估每種通路應該在顧客旅程中扮演的角色，為了幫助你思考，下文探討的一些問題能協助你區別通路，決定它們的優先順序，而這跟各種媒體目前的情況和發展趨勢有關。

付費媒體、自有媒體和贏得媒體

近年來，大眾普遍探討起付費媒體、自有媒體和贏得媒體的概念與論點。每當你需要讓品牌與產品引起大眾注意時，就必須選擇花多少力氣使用付費媒體、自有媒體和贏得媒體。我們已在第一項修練簡短談到這個分類，下文進行詳細討論。

付費媒體是指公司必須花錢來讓瞄準的客群接觸到行銷訊

息的媒體，傳統的電視、報紙和戶外廣告都屬於這類。通常在使用付費媒體時會進行某種市場區隔，例如廣告宣傳所選擇的電視節目時段或商業期刊，戶外廣告地點的挑選也可能是以市場區隔為根據。

付費媒體也包括許多數位廣告的選擇。雖然我們可以做出十分聰明且客製化的再行銷（透過展示型廣告，讓網站訪客再次接觸先前瀏覽而可能感興趣的產品），和酷似的受眾（twin audiences，亦即在網路上展現的行為酷似某個客群行為的受眾），所有的線上橫幅廣告仍然是付費媒體。同理，Google關鍵字廣告如今已成為許多廣告客戶的一大支出，而且毫無任何跡象顯示這種現象將有所改變。

贏得媒體是指品牌贏得的聲譽，包括在新聞、社群媒體和部落格中提到的品牌與（或）產品，有些人會主張，Google的自然搜尋流量（搜尋引擎自然產生、而非經由付費的關鍵字廣告產生的流量）也是贏得媒體。許多人認為，在臉書、推特和Instagram上獲得的曝光也是贏得媒體，每當有人認定你的內容值得分享時，這就是贏得的聲譽。

不幸的是，縱使你已花許多錢促使顧客在你的臉書頁面上按「讚」，或是在推特上關注追蹤你，你的貼文仍然只觸及少數的顧客。研究分析顯示，在臉書上，你的粉絲當中通常只有不到5%的人會看到你的貼文，[5]除非你付費加強推廣，讓更多粉絲看到，但如此一來，這就會是付費媒體，而非贏得媒體。

自有媒體是指你控管的通路，你無須付費給其他事業就能使用這些通路。自有媒體包括目前與顧客和潛在顧客的所有接觸點，可大致分為兩類，第一類是自來媒體（inbound media）或拉式媒體（pull media），即在你的訊息觸及顧客之前，顧客自己上門的媒體，例如店面、商店布置、店內電視或網站等等；第二類是你的外推媒體（outbound media）或推式媒體（push media），這些通常是指你的電子郵件和顧客群，更進階的還包括你的行動行銷許可：簡訊，或是你直接在顧客安裝的APP上推播的訊息。你的電話客服中心可能既是自來媒體（顧客來電），也是外推媒體（打電話給顧客）。直接郵件是另一種自有媒體，但因為平均每件直接郵件的成本相對較高，因此有人認為它其實應該算是付費媒體。

連結的通路VS.未連結的通路

一個通路是否連結，亦即這個通路是否透過資料和你的行銷生態系互相連結，將左右這個通路能否做到真正的雙向溝通。一個未連結的通路（unconnected channel）可能會提供良好的接觸，鼓勵顧客透過另一種通路來和公司互動，例如產品包裝上的二維條碼，或是邀請顧客傳送一則短碼簡訊至一個特定的電話號碼，或是在瀏覽器上輸入某個網址。除了少數例外，傳統的媒體大多是未連結的通路，電視、電台、平面媒體和戶外廣告都是未連結的媒體。

當然，數位通路比類比通路有更多連結。不過，媒體代理商使用的匿名化cookie網路，和你的數位媒體構成整個個人的行銷生態系，兩者之間有明顯的區別。身為廣告客戶，你的橫幅廣告其實可以瞄準一群特定的個人，但基於法規，媒體代理商的cookie系統中絕不會有這些人的真實身分，因此你想從付費媒體的潛在顧客互動中汲取資料，並導回自己的行銷生態系，通常不可能做到。此外，你透過臉書之類的媒體生態系汲取和整合的資訊量也有限，畢竟它們最關注的是和它們通路中的顧客保持交談，而從它們的立場而言，最好這其中涉及某種形式的付費廣告，能為它們帶來收入。雖然許多通路目前仍是未連結的通路，但這個領域正在持續演變，也有愈來愈多的通路已經數位化。

瞄準式行銷訊息的可能性

相較於類比通路，數位通路通常比較可能針對市場區隔或個人發送瞄準式行銷訊息，直接郵件或許是個例外，因為製作直接郵件信函的起始點通常是一個資料庫，而每封信取決於高度合併個人資訊的片段與行銷訊息。網站、電子郵件、簡訊、APP之類的數位通路最有潛力做到瞄準式行銷訊息，不過人工作業的媒體（例如電話客服中心、顧客服務、社群媒體、實體商店內服務）也有潛力做到完全客製化的瞄準式行銷。至於瞄準式行銷訊息的準確度則取決於一個通路的連結程度。

推式溝通行銷VS.拉式溝通行銷

一個通路是否能讓公司主動推送行銷訊息給顧客的差別懸殊，在某些通路，你可能得祈禱顧客碰巧上門或主動上門，而有些通路則是你可以主動做些事情來吸引顧客注意。

在推式溝通方面，各種通路能觸及顧客和潛在顧客的程度不一。手機上的推播最能引起注意；在你的臉書網頁上，沒有付費來加強推廣的貼文也是一種推式溝通，但如前所述，你必須仰賴這則貼文在臉書上具備足夠的重要性，使粉絲能看到它。

在拉式溝通方面，吸引注意力程度最高的是你的網站，如果你的網站上有良好的內容，你撰寫人們確實感興趣的東西，你就有機會在Google獲得不錯的非付費自然搜尋流量；若是你的網站上有精采絕倫的內容，因而使人們想要分享、談論與提供連結（不管是文字或圖片影像），將能使你的網站在Google搜尋結果的排名更上一層樓。結合種種努力，可能就會正面影響你購買Google關鍵字廣告的費率。Google搜尋因而也可視為一種拉式媒體，因為你能創造的流量上限是取決於顧客搜尋量。不過，比起你的網站，Google關鍵字廣告的「推送」程度較高，因為你可以自由選擇你想打廣告的搜尋關鍵字。

自動化

如果你想採行一對一的客製化與適時戰術，而且不希望人工作業壓垮你，你就應該考慮自動化。如果你必須以人工作業的方式發送個別簡訊給100萬名顧客，你會耗盡所有力氣，而且無法持續下去。

電子郵件、簡訊、APP推播和網站內容的客製化都有充分潛力可以運用種種想像得到的方式來進行自動化。在這個市場上，有多個大型服務供應商能提供工具去統籌跨通路的行銷溝通，你應該認真考慮，並盡早開始這種自動化。

搜尋引擎行銷（關鍵字廣告）、橫幅廣告和社群媒體也可以做到自動化，但電視、平面媒體和電台目前較難做到，不過，它們正漸漸開啟購買媒體曝光機會的新方式。請參見後文「行銷技術堆疊」（marketing technology stack）有更多討論。

如何管理所有通路？

前面多個小節的探討清楚顯示，當你擁有一個持續變換通路的廣大客群，而你想管理對這些顧客的行銷溝通，並且希望對每位顧客的行銷溝通都能做到最適當的狀態時，你必須考量許多層面。

讓行銷與顧客關係管理團隊能取得集中式的資料。如第二項修練所述，想做到成功的全通路行銷，你必須建立的一項核心要件是將資料集中式管理，並讓行銷與顧客關係管理團隊可以取得這些資料。要做到這點的方法有很多，但其中很重要的一個層面是部署顧客資料平台和資料管理平台，一些所謂的「行銷樞紐」（marketing hubs，參見下文）也具有這項功能。部署這類平台將能使行銷與顧客關係管理團隊更自由的使用資料，並運用資料來進行實驗。他們也可以為了特定目的、溝通流程的自動化或行銷活動與詳細的市場區隔，結合動態變化的目標客群與受眾。不過，資料部分只是成功方程式的一半。

溝通訊息也應該集中式管理。資料的儲存應該採取集中式管理，然而光有資料無法發揮功效，因此你必須結合你的重要溝通訊息，並將結果呈現給合適的受眾。在此，我們必須區分「訊息」和「內容」的差別。「訊息」是創意內容的組件（簡訊、圖片與／或影片的組合），用以激發受眾的興趣，促使他們去做原本可能不會做的事，例如購買一項產品、閱讀更多有關某種事物的資訊，或是採取某個行動。至於「內容」，我們指的是有內涵的文章或資訊，通常儲存在內容管理系統裡。

不幸的是，訊息往往是由個別通路製作，並儲存於個別通路的系統：簡訊由簡訊系統製作、電子郵件的文本和編排由電子郵件系統製作、網站上的客製化內容由內容管理系統製作等等，導致製作、協調、傳播與報告等作業極度麻煩。如果你選擇在中央層級進行製作與儲存，再由個別通路取用，你將會在全通路行銷中朝向以更好的方式使用資料與洞察。如此一來，你就能將訊息彈性的調適應用在多種通路，並為客製化製成各種版本或陳述。雖然目前只有很少數的工具提供這種集中式管理的可能性，但建議你在拼湊你的行銷技術堆疊時使用這種工具。

向來做的事和從未做的事

這個標題道出轉型至新的行銷典範時面臨的挑戰。縱使正確執行所有的新方法，包括思考、建立與部署大型的觸發式適當行銷溝通方案，並提供人員適當的工具與洞察，盡可能做到適當的行銷溝通，仍會有欠缺資料的顧客（或潛在顧客），因此你幾乎不可能對這些顧客做到適當的行銷溝通。這是否意味著應該停止進行大眾傳播呢？關於全通路行銷的一個壞消息是：全通路行銷無法使你不必再做向來做的事，至少在可預見的未來是如此。由於全通路行銷會在某一個領域帶來更多工作，而你對此可能不是相當嫻熟自在，因此，如果你原本就已經忙得不可開交，窮於應付目前的工作，你幾乎不可能成功推行全通路行銷。為了成功達到全通路行銷，在行銷方面需要更多資源，IT 方面亦然。

拼湊專屬的行銷技術堆疊

是的，當你要拼湊專屬的行銷技術堆疊時，你將會需要新工具。這一節要解密，在建立行銷技術堆疊時最可能碰上的一些二或三個英文首字母縮略字，我們會聚焦在跟全通路行銷有關的主要技術類別，當然，這絕非完整的技術類別清單，各種技術類別高度重疊，而許多系統也同時內含來自多種技術類別的元素。在此附注說明：我們已在第二項修練討論過顧客資料平台和資料管理平台。

顧客關係管理系統

顧客關係管理系統是一個頗有歷史的系統類別，主要是為B2B事業而發明，業務員會在系統中詳細記錄客戶的相關資訊，也會記錄他們和客戶交談的內容。更確切的說，顧客關係管理系統包含合約、線索、機會、活動與事務等等相關資訊。這些系統大多是用來支援業務員和客戶之間的親自接觸，但有些顧客關係管理系統已經演進至包含電子郵件行銷的基本能力。

行銷自動化平台

行銷自動化平台（marketing automation platforms, MAPs）的目的是盡可能將更多推送給顧客端的溝通訊息予以自動化，這類平台通常內建用於行銷與自動化通訊的電子郵件行銷能力。此外，這個系統類別已經幾乎變成B2B潛在客戶開發與潛在客戶培養（lead nurturing）的同義詞，但要強調的一點是，在北歐國家，行銷自動化平台也同樣經常被視為涵蓋多通路行銷樞紐（見下文）大多數特徵的企業對顧客（Business-to-Customer, B2C）行銷。

多通路行銷樞紐

多通路行銷樞紐（multichannel marketing hub, MMH）是專門從事市場研究的顧能公司（Gartner）的平台類別，這些平台包含終端顧客在行銷與自動化的市場區隔、溝通與報告。顧名思義，多通路行銷樞紐可以在不止一個通路執行這些任務。不過，這個技術類別在顧能公司生態系之外的使用並不十分普遍。

需求面平台

需求面平台（demand-side platform, DSP）是資料管理平台上的一種工具，它讓那些有廣告需求的公司可以控管本身的媒體購買、廣告與資料交換。需求面平台結合多種購買廣告的方法，例如程序化購買（programmatic buying）、即時競價、再行銷。

內容管理系統

內容管理系統（content management system, CMS）基本上

就是用來建立與維持網站和網站內容的系統。許多內容管理系統供應商認為，主力的內容管理系統已經變得商品化，並轉向與顧客體驗較為密切相關的技術類別，不過它的主要強項仍是在網站及網站管理方面。

社群媒體管理

社群媒體管理（social media management, SMM）工具提供集中式管理多個社群媒體網路與帳戶的可能性，功能包括發送內容、聆聽特定關鍵字、管理付費社群媒體廣告、貼文與行銷活動的匯報。

影響力人士關係管理系統

伴隨傳統媒體（例如電視和平面媒體廣告）式微，影響力人士關係管理（influencer relationship management, IRM）系統愈來愈盛行。影響力人士是指在社群媒體網站（例如Instagram、臉書、YouTube、推特）上擁有大批粉絲的人，而影響力人士關係管理系統能幫助公司發掘和選擇合適的影響力人士來合作行銷產品、理念或特惠活動，也能幫助接洽影響力人士來為公司進行行銷和報導。影響力人士關係管理系統在時尚和生活型態類產業的運用特別多。

數位資產管理

數位資產管理（digital asset management, DAM）系統用於集中式控管行銷資產，以支援各種行銷活動的使用。這類優化的平台可用來儲存和供應大量具有內涵的內容，也能支援將這些集中式的資產用於行銷活動所需要的工作流程。

行銷資源管理

行銷資源管理（marketing resource management, MRM）系統的作用是盡可能有成效的控管介於員工、供應商、媒體代理商與資產之間的行銷流程。

行銷雲或體驗雲是什麼？

行銷雲或體驗雲（experience cloud）是同個品牌旗下的一套工具與服務。這些行銷雲或套裝工具大多是透過收購各種基礎技術系統中最優秀的服務供應商再加以匯集而成，雖然其主張是充分整合所有這些基礎系統成為一個平台，但實際情形往往並非如此。由於這些基礎系統全都曾是最優秀的服務供應商，因此通常很容易就能精選套裝工具中運作良好的部分，在不同的雲端生態系中作業。

溝通與服務的成熟度

所以，在溝通與服務中使用資料與洞察的不同成熟度分別會是什麼模樣？

最高水準

在溝通與服務這項修練達到最高水準的公司，人員與人工智慧模型會盡可能對顧客和潛在顧客有更多的學習，因而影響它們在所有通路中和顧客溝通與服務顧客的方式。它們會在實體商店內和透過電話客服中心來提供根據資料與洞察的客製化服務，與此同時，也持續致力於推出更多根據資料與洞察自動進行的客製化溝通。此外，它們聚焦在以一對一的角度來發展所有顧客關係，並根據顧客落在顧客生命週期中的時點來決定下一步行動。這些公司在付費媒體和自有媒體的使用方面達到充分綜效。

中等水準

在溝通與服務這項修練達到中等水準的公司，仍主要聚焦在以公司為中心的行銷計畫，與如何在自有媒體和付費媒體中最有成效的推行。為此，它們使用資料與洞察來將行銷活動中的溝通進行市場區隔和客製化。

不過，這些公司也有逐漸累積資料與行銷許可的長期目標，目的是將來能根據顧客生命週期使行銷溝通自動化。它們使用自有媒體和付費媒體，但分開處理這兩個媒體，因此還不能在這兩個媒體間達到最適綜效。

圖4.5　溝通與服務的成熟度面貌

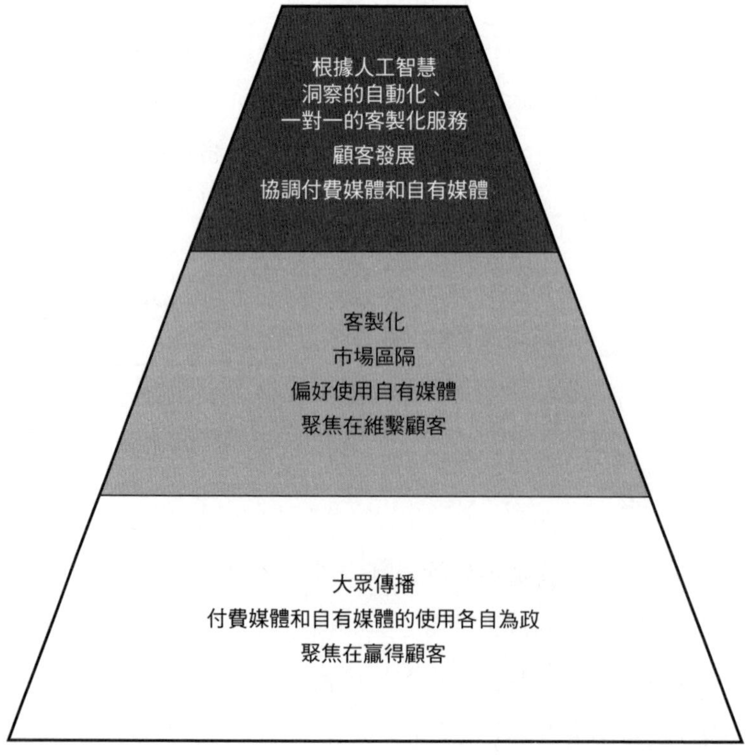

最低水準

在溝通與服務這項修練達到最低水準的公司，無法在行銷溝通中善加使用資料與洞察，它們主要使用付費媒體來進行大眾傳播，藉以創造需求、刺激銷售與接近顧客。

你可以掃描以下條碼連結至網站上接受我們以全通路六邊形模型設計的測驗，評估公司執行全通路的水準（英文）：

OMNICHANNELFORBUSINESS.ORG

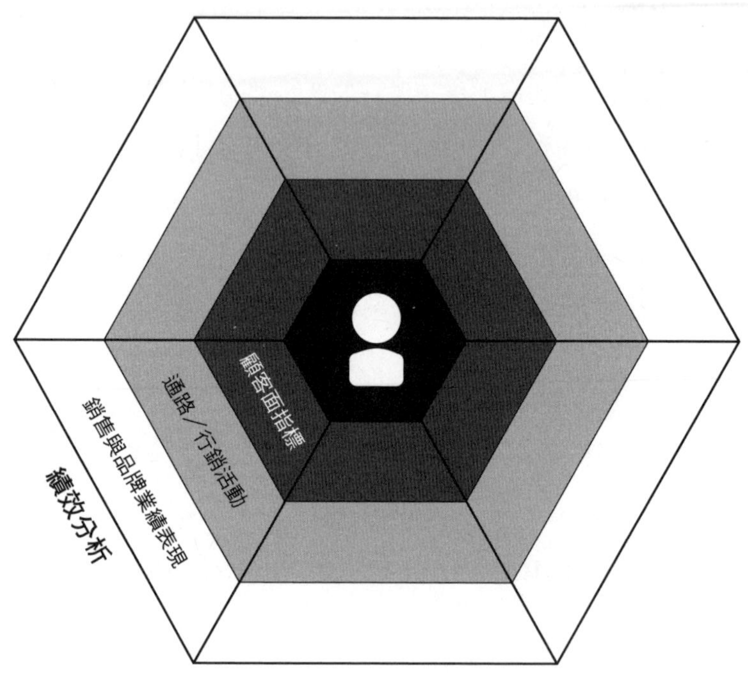
顧客面指標
通路／行銷活動
銷售與品牌業績表現
績效分析

第五項修練

績效分析

如果你正在推行全通路行銷，並且想要追蹤執行的績效，那麼你必須開始監測與以往不同的監測指標。另外，在進行績效分析時，聚焦在顧客面指標也是很重要的原則。

拉斯穆斯是北歐挪威電信的數位銷售經理，由於挪威電信在過去幾年實行積極進取的全通路策略，因此每位員工都熱中於從全通路的角度來檢視業務，不再只是關注個別通路。

某天，當拉斯穆斯檢視網站數據時，一個想法油然而生：若是能讓顧客在線上下單後，到實體商店取貨時才付款，轉化率是否會因此更加提高呢？拉斯穆斯之所以有這個構想，是因為之前挪威電信首度讓顧客可以選擇「網路下單，門市取貨」時受到熱烈回應，挪威電信對此完全始料未及。因此，他心生好奇，既然有這麼多人偏好「網路下單，門市取貨」，那麼若是讓顧客可以到店取貨時才付款究竟會產生什麼效益？

在全通路轉型之前，拉斯穆斯絕不會提出這樣的構想，因為這意味的是更多銷售業績將從線上轉移至實體商店，因此若是過於看重他的績效數據，這種構想恐怕會引發反效果，至少對拉斯穆斯本身的績效數字有不利的影響。然而，在全通路轉型之後，這對挪威電信很可能會是個好點子。

於是，拉斯穆斯向經理提出這個構想，經過一番討論後，他們決定值得一試，隨後經理指示拉斯穆斯籌組一支團隊來加以推行。如果實驗結果顯示這確實是個好點子，挪威電信的銷售業績將會更加提高，而他們可以稍後再來解決獎金分配的問題。

為何將績效分析視為另一項修練？

挪威電信的例子顯示，在績效分析中聚焦在顧客上，意味著公司在推行全通路時也必須以不同以往的方式做出決策。在全通路轉型之前，拉斯穆斯只會聚焦在讓自己的那塊餅做到最大，縱使從雇主的立場來看那是一個壞決策；但如今在全通路轉型之後，他擁有的知識與評量指標可以證明他為挪威電信做出正確決策，而且，相當重要的一點是，拉斯穆斯確信經理會調整他的獎勵方案，納入這項實驗創造的營收。

資料分析產生的知識則顯示，如果挪威電信的各部門別再只聚焦在自家部門的績效目標與指標，改為聚焦在顧客面指標，就可以做大全公司的整塊餅，而所有部門分得的餅也會更大。現代的顧客不會只透過單一通路來和公司互動，而會選擇對他們便利的通路，既然顧客超越通路而跨通路，公司的績效指標也應如此。因此，如果你不根據顧客面指標來評量你的成功，你要如何知道全通路行銷策略是否成功？

下一個疑問是，從確保更新數據與目標的角度來看，你的文化成熟度如何？多數組織的決策通常根據的是舊「事實」與直覺，因此在全通路轉型後，有資料與洞察知識作為根據的人和組織，其價值遠大於那些憑藉信念與感覺的人和組織。誠如著名統計學家愛德華茲·戴明（W. Edwards Deming）所言：「沒有資料，你只是一個有意見的人。」（一般普遍認為這句話出自戴明。）

握有正確且不斷更新的數字很重要

日常生活的數位化大幅增進溝通，進而加快我們、企業和這個世界的發展速度。現在的消費者改變習慣的頻率與速度遠甚於以往；在企業方面，突然間就有競爭者在你的搖錢樹（金牛）事業領域推出相似的產品，例如，亞馬遜決定設立實體展示店，並在你的營業地區推出隔夜遞送服務，或者競爭對手突然推出一種新的數位服務，因而襲擊到你的事業。

由於你生活在一個持續變化中的世界，而且變化速度空前，因此你可能會很合理的懷疑，公司的決策者在評估潛在行銷活動的影響與成效時有沒有以必要的洞察作為根據。如果沒有不斷更新、可記錄的知識，將會產出糟糕的決策。

一旦做出決策並展開專案後，重要的是否能在後續追蹤這些行動的影響與成效。例如：它們的成效是否如你期望？你的行動產生什麼新數字？

你的績效分析必須能有效幫助你評估和優化你的業績表現，這不僅適用於高階決策者，也適用於所有部門和階層的員工。請想像做到這種境界的情況：你能使全體員工都有能力根據適當的更新指標來做出明智的決策。

員工層級的績效分析

在個別員工層級，績效分析是記錄一個微小行動的影響性時，其中一個重要的層面，它提供員工表現優劣的實際面貌，也讓員工得以看出他們是否做出好決策，藉此能使他們長期表現得更好。

公司層級的績效分析

作為一家公司，你必須有效率的評量，才能以可用的預算創造更好的績效。你必須使用績效分析來做出關於行動方案與執行方式的積極決策；此外，在編列年度預算和季預算，分配資金給組織各個成本中心時，你也應該使用績效分析。

本項修練聚焦在績效分析，這是在全通路行銷中應該區分出來探討的一項重要修練。我們首先會討論你應該評量的內容，再討論績效分析中更一般性的主題。接著，我們會談論在事業經營中過度數字導向時可能會衍生的一些危險。最後，我們將總結在績效分析這項修練達到高成熟度的特徵。

應該評量的內容

應該監測的指標項目取決於你所屬的產業，本項修練聚焦在跟銷售、品牌行銷與顧客相關課題的指標（關鍵績效指標），供應鏈、生產效率、相關成本等等領域的績效指標不在我們的探討範圍。

針對全通路六邊形模型中「績效分析」這項修練，各區分為三種成熟度，愈向此模型中心前進，這項修練的成熟度愈高，以下各小節將以成熟度的順序進行討論。

低成熟度：銷售與品牌業績表現

銷售數字

評量公司的營業額與財務表現是法定義務，因此，在全通路六邊形模型「績效分析」這項修練的最外圈（最低成熟度），你會看到這個關鍵績效指標。營業額的評量通常一年不止一次，在商店層級，一般是計算每日收入，以此評估當天生意好壞；在公司層級，一般則是統計每月和每季的營業額。企業通常將這些數字和年度預算規劃互相比較，藉此評量事業是否進展順利。

公司通常也會統計每個通路的營收，以便多提供一些洞察，並使用這些數字作為控管參數。例如：地區和商店層級的營業額有多大？你在B2B和B2C業務的支出與獲利分別有多少？情況是否依照計劃而行？

市場占有率

在市場已飽和而沒有明顯成長的產業與產品類別，通常是根據市場占有率來評量成果。汽油供應商和水電瓦斯公司正是這類產業的例子。

品牌知名度

品牌知名度（brand awareness）或品牌熟悉度（brand familiarity）經常用來評量你的品牌被知道的廣度，你可以透過消費者問卷調查來量化品牌知名度，評量品牌熟悉度最常用的指標則是受訪者在「未提示知名度」（unaided awareness，例如：「你能想到什麼清涼飲料品牌？」）或「提示知名度」（aided awareness，例如：「你是否知道百事可樂這個品牌？」）中做出肯定回答的比例。

特別是在推出一項新產品時，品牌知名度的評量顯得很重要，因為它可以幫助評估哪些廣告活動能有效提高知名度，使消費者在這類產品類別中立刻想到你的品牌。縱使是家喻戶曉的品牌也要悉心戮力維持品牌知名度，這在快速變化的消費性產品領域是一個重要參數，原因在於這類產品在客觀產品標準上的差異性並不高，例如可口可樂和百事可樂的味道大致相同，因此選擇往往是取決於顧客接觸最多的品牌種類與對每個品牌的想法。

品牌認知

品牌認知（brand perception）是指消費者對品牌的看法，當消費者接觸到你的品牌時，他們的看法當然很重要。品牌認知的評量與品牌知名度相同，通常是透過消費者問卷調查，讓受訪者指出品牌能使他們聯想到的形容詞或價值觀。公司經常評量不同客群對品牌的認知，也經常比較消費者對自家品牌和競爭品牌的認知。例如：相較於另一個品牌，你的品牌擁有什麼該品牌缺乏的正面特質？當提及你的品牌時，消費者會有良好的聯想嗎？

研究顯示，品牌認知明顯影響我們偏好可口可樂或百事可樂。在盲測中，50%的受測者喜愛百事可樂勝過可口可樂；但若告知受測者可口可樂是哪一杯時，四個人中有三個人會說他們比較喜愛可口可樂。透過對受測者進行腦部掃描也可以看出，當受測者得知他們飲用的是可口可樂時，腦部的其他區域也會因此活絡起來，推測這是由於他們先前對這個品牌的體驗與聯想。[1]

中成熟度：通路與行銷活動

為了在更具啟示作用的層級使用績效分析，你應該稍加深入檢視每個個別通路的營收與特定顧客體驗。典型的組織分工是根據單位來劃分達成銷售目標的責任，而每個通路也會有獨立的行銷活動與目標，因而公司自然會評量個別通路的績效，這也有助於進行營運層級的優化。

另外，你也可以透過個別通路來評量品牌知名度與品牌認知。在顧客和特定行銷活動或通路互動後，你應該評量顧客對品牌的認知，藉此幫助你評估這個行銷活動或通路對促進品牌認知的績效。

人潮

在數位通路真正扎根之前，商店會評量店內人潮，也會評估一個特定地點的店租，以此來分析商店的績效。例如，某日的店內人潮有多旺，營業額有多少？零售商店的轉化率等於實際購買的顧客人數除以來店顧客總數。關於「轉化率」的更多討論，請參見後文。

曝光、網站造訪、頁面瀏覽、互動與觸及量

人們普遍相信品牌曝光（brand exposure）可以提高品牌

熟悉度，同時可望創造更好的品牌認知，因此你應該評量在一個媒體上的一項行銷活動中的品牌曝光，以及與顧客互動的次數。

橫幅廣告通常會統計曝光數，並且是以千次曝光成本（cost per mille, CPM）進行收費，這種做法的其中一個重要原因是消費者通常不會點擊橫幅廣告。因此，基本假設是曝光數愈多愈好。如果身為廣告客戶，你有把握接觸到品牌曝光的受眾就是你的訊息瞄準的正確對象，那麼品牌曝光還會額外增加好處。舉個反例，女性衛生用品品牌「好自在」如果曝光的受眾是男性，就會完全浪費錢。

公司在過去並非總是評量網站造訪的情形，但現在這種做法已經成為一項標準實務，因此所有網站都安裝腳本語言（scripts），例如Google Analytics提供的腳本語言。我們猜想你公司的網站也已經架好，如果你尚未這麼做，請趕快進行，因為你並沒有任何合理的藉口不架設。

另外，幾乎任何社群媒體都會統計一支影片或一則貼文的瀏覽次數，也會統計觸及量（reach），亦即訊息觸及的人數。一般認為，點擊與評論有助於提高點擊者和評論者對品牌的熟悉度；此外，點擊與評論也使社群媒體有更大的可能性可以曝光它的內容給更多用戶，並因此提高觸及量。排名演算法中內含品牌互動量，而當品牌互動達到非常熱絡時，就達到所謂的病毒式傳播。

如今你沒有大筆媒體預算的幫助就很難達到病毒式行銷。

數位事業單位經常積極致力於優化顧客流量、網站造訪、頁面瀏覽、互動與觸及量，但這些新指標可能會產生不好的影響，並疏遠事業中數位程度較低的部分。另外，公司執行長可能也會難以理解公司臉書網頁上的某個行動是好或壞，尤其如果無法證明這個行動對公司的銷售業績有直接影響的話更是如此。

給予行銷許可的顧客數量

第一項修練時已詳細討論過行銷許可，簡而言之，臉書上的「讚」，推特、Instagram和LinkedIn上的關注者，電子郵件和行動服務上給予的同意，全都是顧客給予的行銷許可。

由於給予行銷許可的顧客數量直接影響你在不支付廣告費之下直接觸及的顧客數量，因此自然經常將它當成一個密切追蹤的指標。

至於公司之所以可以使用開啟率和點擊率之類的資料來優化電子郵件行銷活動，是因為在某種程度上，顧客或潛在顧客開啟或點擊一封電子郵件就可視為有望產生購買，或至少是增強品牌知名度與品牌認知。

購物車規模、轉化率、提升度

在一般商務與電子商務中，購物車規模（basket size）是用來評量成功的一個典型指標。例如：平均每筆購買的金額有多高？當你的目標是提高交叉銷售與追加銷售時，你便應該評量購物車規模。例如：採取優惠措施（例如購買金額超過100歐元即提供免運費服務），或是根據目前已放在購物車中的產品，讓顧客看見其他相關產品，是否有助於增加購物車規模？

轉化率是你應該檢視的下一個指標，尤其是在電子商務領域，它絕對是必須加以追蹤與優化的標準指標。轉化率是指造訪後購買者的比例，10%的轉化率意味網站（或實體商店）平均每十位訪客中有一人購買。網站的轉化率通常介於0.2%至30%，這取決於銷售的商品（例如奢侈品或車票），和顧客造訪網站時多想購買（一般而言，愈想購買，轉化率愈高）。

公司一般會在每個流量來源評量轉化率，例如：當流量來自社群媒體或Google時，轉化率如何？來自Google自然流量的轉化率高於或低於來自付費廣告流量的轉化率？許多人的邏輯自然是做出結論：應將更多的資源用於轉化率最佳的流量來源。然而過於一心一意的朝此方向思考將會使你落入一些陷阱，我們將在後文進行討論。

轉化率優化（conversion rate optimization, CRO）如今已自成一門專業服務領域，也有專門幫助改善它的先進工具，Google實驗（Google Experiments）只是其中之一，其他工具還包括Visual Website Optimizer、Optimizely、MixPanel等等。網站管理員可以使用這類工具即時測試何種編排、文本與圖片／影像的組合得以產生最佳轉化率。

如果網站的流量夠高，你便能從首次網頁瀏覽到最終購買付款的完善、有系統並持續優化的流程來獲致良好成果。坊間已有無數文章與書籍探討轉化率優化這一主題，因此我們不在此詳細討論，但我們認為持續優化你的解決方案與評量，對於你的成功非常有幫助，請參見第六項修練的更多討論。

最後，線上行銷活動的一個有趣效應是，一個通路的行銷活動促使銷售明顯增加，但這些增加的銷售可能是來自其他通路的流量。舉例來說，線上零售商Saxo.com能評量當它推出一項透過電子郵件的行銷活動時，應如何使其他流量來源的銷售明顯增加。這種現象稱為「提升」(lift)，這就要談到下一個績效分析項目。

多管道接觸

多管道接觸（multi-touch attribution）是指不只將媒體或行銷活動產生的營收歸功於「最終點擊」(last click)，同時也歸功於顧客和品牌的多個接觸點。

實際上，各種通路在促使顧客更趨向於做出購買決定方面都有所貢獻。由於我們鮮少能在顧客和品牌的每一次互動中都取得資料，因此無法確定每次互動都將促使顧客造訪網站或是造訪第二個數位通路。

「最終點擊模式」(last click attribution）則是指找出顧客在購買前做的最後一件事（最終點擊），並將全部銷售營收都歸功於這個流量來源。搜尋包含你的品牌名稱的關鍵字通常會有較高的轉化率，但是，顧客可能早在做出這個搜尋前就已決定購買，可能是在較不出色的通路中接觸你的品牌時就做出這個決定。因此，如果你總是聚焦在優化轉化率最佳的流量來源，將會落入陷阱，你應該要避免這麼做。

為了應付這個挑戰，Google的一個作法是在Google Analytics中提出多通路程序（Multi-Channel Funnels）報表。Google可以為你提供視覺化分析，了解促成一筆購買的各種網站流量來源的重疊部分，但必須是顧客曾經為了購買而造訪你的網站多次才能得出這種分析，但顯然情況並非總是如此。另外，如果你想在你的多管道接觸分析中納入更多的接觸點，難度也會愈來愈高。

銷售模型

雖然將愈來愈多的溝通通路進行數位化與連結是目前的發展趨勢，但我們仍無法百分之百確定個別顧客在不同時間接觸的通路種類。例如，你難以追蹤並高度確定在公車站、雜誌、線上或電視上置放的廣告到底發揮多大的影響。

為了克服這個困難，媒體代理商通常會發展出進階銷售模型，用於更準確的分析個別通路對銷售的貢獻度。舉例來說，搜尋行銷（例如Google關鍵字廣告）的實際成效和Google或雅虎本身提出的成效報告並不相符。當一項同時在電視上和戶外打廣告的行銷活動使得來自搜尋行銷流量的轉化率提高（儘管關鍵字廣告並沒有改變）時，電視廣告當然有其成效與貢獻，但Google可不會強調這點，它的成效報告並不會記上電視廣告的功勞。

縱然數位代理商指控媒體代理商發展出來的進階銷售模型是為了賣出更多廣告，但無人能否認所有通路的品牌曝光都有效果與貢獻。這跟「轉化的長期途徑」概念有關，而無論通路是否為數位通路，以及是否可以評量，你都不能無視它在促進銷售上的影響性。丹尼爾．康納曼（Daniel Kahneman）的著作《快思慢想》（*Thinking, Fast and Slow*）也幫助我們洞察：縱使是最簡單的曝光，也可能影響我們的行動。[2]

銷售模型是進階工具，當你結合推出線下與線上廣告時應該加以使用，否則你可能會難以分辨個別通路對銷售的貢獻。然而，僅有極少數公司建立可以每日或每月優化的銷售模型。儘管如此，在追蹤重大行銷活動的成效或決定你的通路策略與付費媒體的預算時，銷售模型是很有幫助的工具。

高成熟度：顧客面指標

銷售與溝通通路的關鍵績效指標能幫助優化每一個各自為政的組織單位與個別通路，而銷售模型是幫助你規劃媒體購買的好工具，不過，還有其他的指標是將顧客置於分析的中心。

這是愈來愈多零售業者採行的方法，例如，諾斯壯百貨公司的財務長安．布拉曼（Anne Bramman）於2017年第四季獲利報告中寫道：

> 我們愈來愈圍繞著「諾斯壯」和「諾斯壯來客」（Nordstrom Rack）*這兩個品牌來管理我們的事業，而非以通路為管理主軸。我們的做法包括將績效指標從傳統的商店考量，轉向更側重評量顧客和我們的互動。[3]

未來，這可望成為以顧客為中心的公司的典範。

新顧客增加量

除了統計營收與訂單數量，你也應該統計新顧客數量，因為所有研究都顯示，對既有顧客的再銷售比贏得新顧客更容易，成本也更低。

如果你沒有資料可以判斷顧客是新顧客或舊顧客，你可以在顧客註冊加入會員時加以詢問，一家大型零售業者就採取這種做法：在會員制成立的第一年，一大部分的會員會在註冊時聲明他們是全新的顧客，以往從未和這家零售業者往來。因此，為了正確統計新顧客增加量，你必須能在所有通路辨識他們。

---

* 譯注：諾斯壯旗下的季後商品折扣店。

顧客流失率

顧客流失率是訂閱型商業模式經常評量的一個關鍵績效指標，流失率是一段特定期間內取消訂閱或極可能不再回來的顧客比例。由於訂閱型事業知道顧客訂閱期的終止日，因此最容易評估顧客流失率；零售業的顧客流失率則較難評估，公司通常評估的是顧客再購買傾向或機率。如果評估一位顧客在一年內再購買的傾向為20%以下，或許就可以視為是流失的顧客，不過這必須視產業而定。

顧客終身價值與顧客忠誠度

顧客終身價值是指一位顧客身為顧客期間帶給公司的總淨獲利。保羅．法利斯（Paul Farris）等人在《行銷指標》（*Marketing Metrics*）中對顧客終身價值定義如下：

> 顧客終身價值：顧客和公司往來期間貢獻的未來現金流量的現值。[4]

因此，顧客終身價值是營收、成本和時間的函數。由於顧客終身價值的精確計算相當複雜，因而許多人會使用概算值，請參見下文。

弗瑞德．萊克赫德（Fred Reichheld）在《終極問題》（*The*

Ultimate Question）中主張，計算顧客終身價值時應將口碑納入考量。[5]因此顧客價值的計算包含以下項目：

- 收益項
- 對顧客所有銷售的毛利
- 向其他人推薦品牌或產品所創造的價值
- 支出項
- 獲取顧客的成本
- 服務顧客的成本
- 維繫顧客關係的成本
- 顧客給品牌負評的影響

之所以要評估顧客終身價值，是因為你能據此看出一位新顧客值得你花多少錢去贏取，亦即顧客獲取成本（customer acquisition cost, CAC）。但切記，顧客獲取成本的一個基本假設是，未來的顧客與現在的顧客一樣好，而這個假設的成立條件是，公司執行長與（或）投資人並不要求目前獲利的快速成長。此外，唯有在可以預測獲取顧客的未來投資之下，你才能計算顧客獲取成本。

那些擁有較長期顧客關係的產業與公司經常會評估顧客終身價值，這也是全通路行銷的目的：致力於與顧客和潛在顧客的長期往來，同時也是顧客終身價值模型十分重要的原因。

經營訂閱型事業的公司經常會在評估公司價值時使用「顧

客終身價值／顧客獲取成本」比例的數字，也有許多軟體即服務（software as a service, SaaS）公司在這個比例良好的前提下接受負獲利（虧損），而Klipfolio.com認為，理想的「顧客終身價值／顧客獲取成本」比例應該是3：1左右。[6]

顧客終身價值的簡單變化版本

由於難以精確計算顧客終身價值，並在一定程度上將未來獲利提前作為收入計算，因此你也可以使用概算值或簡化估計。通常，一段期間的購買筆數和購物車規模（亦即一年期的平均每個顧客銷售額）就是一個常用的概算值，這更加容易計算，因為你只需要計算交易次數和平均每筆交易的購物車規模就可以得出估計值。

以諾斯壯百貨公司為例，公司在2017年第四季獲利報告便開始提出「活躍顧客數」和「平均每個顧客的銷售額」，用以估計「每平方英尺銷售額」和「平均每個通路銷售額」。[7]

根據顧客終身價值進行市場區隔

你從資料分析得出的行為區隔（behavioural segments），可以再拿來用在你的績效分析，與顧客終身價值指標比較。由於所有顧客能帶來的價值並不相同，因此你應該持續觀察每個市場區隔的價值規模，如此一來，你就可以評估是否使用全通路行銷將顧客從獲利能力較低的市場區隔，移至獲利能力較高的市場區隔。

透過簡化的觀察，可以看出在過去一個月既有較大的購物車規模，也有高購買頻率的顧客數量；或者有較大的購物車規模，但購買頻率低的顧客數量等等。這些不同的情況可以區分為圖5.1的四種市場區隔。

你可以藉由持續研判每個市場區隔的顧客數量，並追蹤顧客在各市場區隔之間的移動，來確知你的溝通與服務產生什麼影響。

圖5.1　根據顧客終身價值進行的四種市場區隔

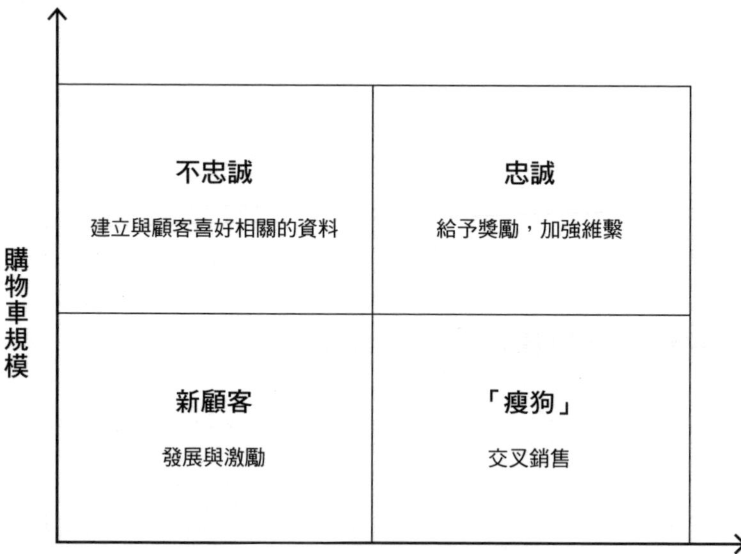

這個分配圖也會使人聯想到將產品或事業區分為瘦狗（dogs）、金牛（cash cows）、明星（stars）與問題（question marks）這四種類型的波士頓矩陣（BCG Matrix）[8]，這個模型旨在評估產品的潛力，但這個邏輯也很適用於評估你的顧客。*

其他顧客面指標

還有其他幾種指標可以包含在這一小節，它們大多數是正確計算顧客終身價值時會納入的項目，然而要個別加以追蹤也十分合適，因為它們往往會影響顧客終身價值，因此可以作為評估某些情況發展方向的領先指標。下文簡述其中一些較為重要的指標。

荷包占有率。荷包占有率是指目前顧客在特定產品或服務類別的預算花在你的事業上的比例，舉例來說，在B2B業務上，你可以透過檢視財務數字來判斷一位客戶的規模（例如營業額），再參考相同規模的其他客戶在一切情況順利時平均對

* 編注：波士頓矩陣是以市場占有率為橫軸（代表市場現況）、市場成長率為縱軸（代表市場未來潛力），將產品或事業單位區分為瘦狗、金牛、明星、問題四大類，作為企業在行銷策略與資源分配上的指引和判斷依據。每個事業單位依其分類有不同的策略選擇：針對高市場成長率、低市場占有率的問題事業，採取成長策略，但若成長潛能有限，則採收穫策略；針對高市場成長率、高市場占有率的明星事業，採取成長策略；針對低市場成長率、低市場占有率的瘦狗事業，採取收穫策略，最終脫售；針對低市場成長率、高市場占有率的金牛事業，採取維持策略，製造現金流量，挹注問題事業變成明星事業。

產品／服務消費的金額，藉此即可計算或估計這位顧客的荷包占有率。

每筆名單成本（cost per lead, CPL）。這是指平均每吸引一個潛在顧客的各種通路總成本，它可能是安排一場會面，或是透過電子郵件徵求一個新的行銷許可，媒體支出通常也會計入，內部使用的員工時間也可以計算在內。

顧客獲取成本。在評量成功方面，前文提及的顧客獲取成本比每筆名單成本更進一步，它代表的是獲取一位新顧客時所有通路花費的成本。與每筆名單成本相同，媒體支出通常會計入這項成本，而內部使用的員工時間也應該計算在內。

維繫顧客的成本（cost of retention）。維繫顧客的成本是為了抓牢一位既有顧客所需要的全部花費，當然，這個成本必須視「抓牢一位既有顧客」的定義。訂閱型事業維繫顧客的成本比較容易計算，但零售業乃至於個別交易則較難以計算，它通常會涉及評估顧客將在一定期間內再度購買的機率。

以顧客為中心的指標優劣

使用任何一個架構都各有利弊，但我們仍然強烈建議你制定以顧客為中心的關鍵績效指標，不要只是使用針對通路或行銷的關鍵績效指標。

使用以顧客為中心的指標有以下優點：

- 提供不分通路的顧客價值面貌
- 幫助評估划算的新顧客獲取成本
- 設立實驗控制組後可證明在各通路推出新方案的成效

使用以顧客為中心的指標有以下缺點：

- 很難正確估算顧客終身價值
- 必須整合多個資料來源，才能更深入挖掘因果關係

事實上，在計算其他幾種以顧客為中心的指標時，顧客滿意度也是納入其中的一個參數，這就必須談到淨推薦評分，而這個指標不僅涉及顧客行為方面的資料，也涉及在顧客生命週期的特定時點實際詢問他們對你的品牌的看法。

淨推薦評分

嗨，您最近和挪威電信的員工珍妮交談過，根據那次的接觸體驗，請您用1到10分評量您有多大的可能性會向朋友或同事推薦挪威電信，10分代表非常可能。請用一個數字（評分）回傳您的答覆。挪威電信在此致上衷心感謝。

顧客和挪威電信的電話客服中心接洽後，可能就會收到公司發送的這類簡訊，顧客可以很容易就給予回覆，除了不必花

錢，還有機會表達不滿或讚美。

回答這個問題的顧客可區分為三類：

- 最不可能成為品牌推廣人員的是那些只給0到6分的批評者（detractors）
- 給予7或8分的是既不特別滿意、也不特別不滿意的消極者（passives）
- 你的潛在品牌推廣人員是那些給予9或10分的高度可能推薦者（promoters）

根據《終極問題》作者、也是「淨推薦評分」的提倡人弗瑞德・萊克赫德指出，公司之所以詢問顧客推薦品牌的意願，是因為顧客對這個問題的回答遠比顧客滿意度更能評量一位顧客的價值。挪威電信向顧客詢問的正是「終極問題」。

品牌的淨推薦評分＝推薦者所占的比例（%）－批評者所占的比例（%）。將推薦者的比例減去批評者的比例，即可得出一個品牌的淨推薦評分；因此，一家公司的淨推薦評分可能會是負值，在這種情況下，給予公司負評的人比推薦的人還多。以總值而言，淨推薦評分是顧客群價值的一個顯著指標。

顧客推薦的價值。根據經驗法則，四個好評才能抵消一個負評，因此，推薦者除了是最具獲利效益的顧客（使用純經濟指標來計量），他們對口碑效應的貢獻也顯著左右整個顧客終身價值。而批評者的顧客終身價值較低，推薦者則創造更多價值，因為對品牌的好評讓他們形同品牌推廣人員，進而幫助引進新顧客，推薦者的顧客終身價值明顯高於批評者。

圖5.2取材自《終極問題》的模型，可用以說明推薦者與批評者的顧客價值。[9]

評量品牌認知。與挪威電信相同，其他電信公司也經常使用淨推薦評分來廣泛評量人們對其品牌的認知。這些公司透過詢問顧客與非顧客比較願意推薦他們的品牌或是競爭者品牌，來得知人們對競爭品牌的認知，和自家品牌是否比其他品牌更受歡迎。

圖5.2　推薦者與批評者的顧客價值

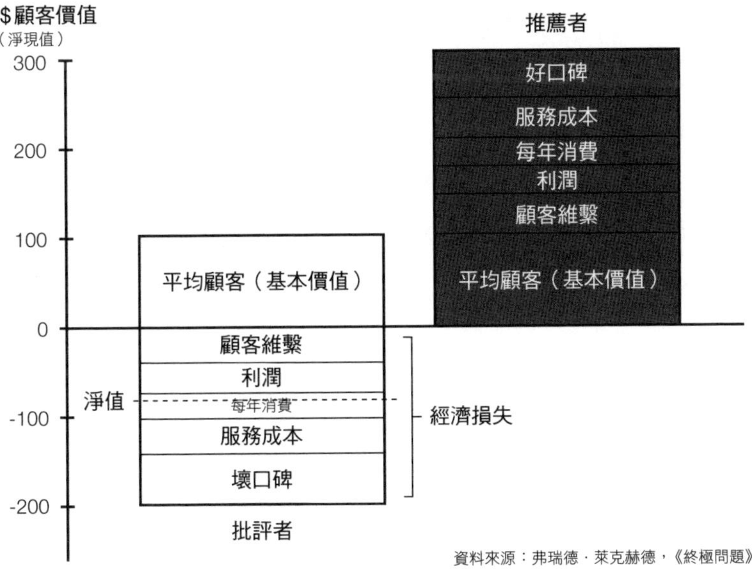

資料來源：弗瑞德．萊克赫德，《終極問題》

顧客生命週期、產品、分店與員工。你應該在更細緻的層級評量淨推薦評分，例如，在顧客生命週期的特定時點或時期，顧客和特定分店的關係或對特定產品的使用，如此你便能將淨推薦評分更廣泛用於管理決策。舉例來說，若你在顧客關係中一開始就評量顧客的淨推薦評分，之後在他們獲得某項服務或特惠時再次加以評量，兩相比較之後，你就能看出這項服務或特惠是否增進或減損顧客體驗。在發展顧客體驗時，這會是寶貴的洞察。

同理，分店與員工也可以彼此比較：這家分店的顧客是否比其他分店的顧客更願意推薦我們？如果答案是肯定的，那麼請跟這家分店的店員交流，了解他們有哪些不同的做法，並讓表現欠佳的分店與員工向表現最好的分店與員工學習，藉此來增進所有分店的顧客體驗。

顧客後續追蹤。

感謝您的評分，很抱歉讓您有不好的體驗，因此我們想請您回答一些更詳細的問題來幫助我們改進。請點擊這裡，提供您的寶貴意見。

顧客以0到10分評量推薦意願當然是寶貴的資訊，但進一步了解這些數字背後的原因也相當重要，因此你可以透過簡訊或電子郵件上的連結來進行後續追蹤問卷調查。

淨推薦評分的優缺點。淨推薦評分是評量你的顧客導向方案成效的好工具，它並不難著手，因為有眾多系統可以將評量流程與結果的加總予以合理的自動化。

如果組織的員工制度納入淨推薦評分作為決定管理階層員工獎金的根據之一，將會有助於促進組織聚焦在顧客上。這是明顯的從純粹評量店內銷售業績更往前推進一步，由於加入淨推薦評分作為員工績效評量項目，因此倘若光顧實體商店的顧客想要的產品只能在線上取得時，店員便會更有動機進一步幫助顧客。

此外，淨推薦評分還有下列好處：

- 容易實行，你不需要將它納入所有可能（與不可能）的系統
- 能幫助你快速看出原本需要花費更長時間才能加以評量的東西，例如顧客忠誠度
- 能蒐集顧客為何願意（或不願意）推薦你的品牌相關的原因
- 讓你有機會後續追蹤每位不滿意的顧客，或許也讓你有機會扭轉他們的體驗

但是，淨推薦評分也有潛在缺點：

- 詢問未必很了解一個品牌的顧客是否願意推薦這個品牌，可能會令人感覺有些造假。因此，當你想評量關聯

性不強的顧客的品牌認知時，你或許應該改問其他選項

- 若不後續追蹤不滿意的顧客與原因，顧客可能會感覺這種調查空洞而無意義
- 淨推薦評分高未必代表顧客終身價值高，因為：
  - 第一，不確定那些淨推薦評分高的顧客是否確實會做出推薦
  - 第二，某些產品與服務的特質是，無論淨推薦評分是10分或5分，對顧客價值並沒有實質影響。例如，一個產品可能只是本質上欠缺吸引力，或是轉換供應商對顧客而言太過麻煩
  - 第三，顧客中止訂閱可能只是因為一次性原因，不能用來預測這位顧客成為品牌推廣人員的意願

結合以顧客為中心的指標和通路績效指標

理想上，你應該結合以顧客為中心的指標（例如顧客終身價值、淨推薦評分）和通路績效指標，但實際上大概沒有任何一家公司會停止使用它們的電子郵件行銷、內容管理、轉化率優化與其他工具中內建的分析工具。因此，相當重要的一點是，當你這麼做的同時，務必加入以顧客為中心的關鍵績效指標，並且繼續以優化流程為最終目標。如此一來，你才能確保每一個通路的優化不至於犧牲終極目標，那就是創造更具獲利效益與滿意的顧客。

通路與行銷活動績效指標往往是顧客終身價值的領先指標，但切莫如此看待它們，你應該根據何者對顧客面指標（例如顧客終身價值）的影響程度來加以排序。至於應該如何決定優先順序？你的資料分析應該會為你提供答案，因此，如果在這方面你是從頭做起，請回頭閱讀第三項修練。

預測績效

如第三項修練所述，一些進階的人工智慧型分析也可以用於績效分析，你可以從關鍵績效指標轉向關鍵績效預測（key performance predictors, KPPs），以前瞻的眼光預測關鍵指標的可能走向。這可以應用在通路績效指標、行銷活動績效指標、以顧客為中心的指標。

關鍵績效預測與傳統的預測方法不同，它並非只是推斷一個總體層級指標，而是匯總個別顧客或個案層級的預測（例如個別顧客流失風險）。這意味的是，與關鍵績效指標相同，你或許能從一個總體數字或趨勢往下分析至市場區隔或個人層級，藉此更加了解左右績效的因素。

將績效分析融入整個組織

如果你只在行銷或銷售部門自身的孤島內評量正確的關鍵績效指標和以顧客為中心的指標，你將不會產生什麼效益，為了實現績效分析的效益，你必須讓它成為整個組織的標準實務。那麼你要如何做到這點？這一節將會探討實現這個目標的各種重要層面，包括：

- 取用途徑
- 客製化程度
- 標竿
- 工具

績效指標的取用途徑、能見度與理解

績效評量的結果不應該只供財務與商業情報部門取用，因為如果只有管理高層才能取得相關數據，那就只有管理高層能做出理性決策。另外，由於管理高層往往是憑藉直覺採取行動，因此你也應該讓他們取得不該忽視的情況發展更新報告。

讓所有部門與人員取得正確的關鍵績效指標。數位部門經理人通常十分習慣追蹤數位通路的發展情形，但這也很容易演變為有點像個數據孤島，意即他們主要的重心在於追蹤數位通路的評量數字，而不關注涉及事業其他部分的顧客面關鍵績效指標。

反之亦然，例如零售商店可能只會檢視零售數字（例如晚上打烊後當日統計的營業額），而不關注一般的顧客面指標，因此它們不僅無法看見引導顧客前往網路商店或是接受線上購買、實體商店退貨等等活動所創造的價值，甚至，這類活動還可能造成實體商店當日營業數字降低。這些情形顯然不利於全通路和以顧客為中心的發展，請參見第六項修練有關通路衝突的更多探討。

能見度：展示關鍵績效指標與傳送報告。如果你的員工只能看到他們部分工作的果實，那麼他們最終很可能只注重那些工作。舉例來說，如果取得特定領域的評量數字是件麻煩事（例如員工必須登入才能找到這些評量數字），他們實際上可能不會查看，或極少查看。一個常見的解決方法是公開展示評量結果，並且每日或每週傳送關鍵績效指標報告給適當的利害關係人。

一家北歐國家的博弈公司擁有很好的關鍵績效指標供所有人員取用，至少原則上是如此，因為所有員工都能登入內部網路來找到這些關鍵績效指標。然而實際上並未發生這種情況，而且所有透過數位通路創造的價值，例如新顧客與自助服務，大多仍未被看見；反觀當客服中心的電話響起，或是當顧客光顧實體商店時，全都高度可見。這導致公司員工認為電話客服中心與實體商店才是具有成效、真正創造更多價值的通路，因而他們更加聚焦在把資源投入這些通路，扭曲實際創造價值之處的面貌，致使公司無法聚焦在應該聚焦的通路與工作。

提高關鍵績效指標的能見度十分重要，讓無關緊要的評量指標失去能見度也很重要。一家丹麥大公司的主要辦公室就有個螢幕會持續更新本身與競爭者的網站流量數字比較圖，這成為公司員工持續談論的事物，若是網站流量數字落後競爭者就會視為劣勢，因此他們更可能去採取提高公司網站流量的行動方案。其實這家公司應該要將更重要的關鍵績效指標視覺化呈現出來，像是網站達成的目標（例如點擊「尋找門市」這個項目的人數），如此一來，員工就會在茶水間談論更多與「流量品質」有關的問題，而非聚焦在「流量」有關的問題。

了解績效指標。新的績效指標未必對所有人都不言自明，對商店或客服中心的員工而言，全通路的概念和伴隨全通路策略而來的關鍵績效指標可能相當複雜，而且難以理解，因此你需要為他們提供訓練與教育，以幫助他們了解、閱讀與使用新的關鍵績效指標。例如：你的員工在何處看見這些關鍵績效指標？它們有何含義？員工如何得知他們的工作做得好不好？

客製化程度

組織與部門的績效評量指標對員工的激勵程度不一，如果你有公司與部門或單位層級的顧客面關鍵績效指標，那麼當員工看到他們職責能直接影響的指標時，激勵作用自然會更大。

在挪威電信公司，每個部門都有明顯可見的螢幕會呈現跟該部門相關的關鍵績效指標。IT部門有自天花板垂掛的螢幕，持續更新公司網站的反應時間、正常運行時間等等數字；在銷售部門，員工可以看到當天的銷售業績，以及按照產品區分的銷售績效統計圖；在電話客服中心，員工能夠看到目前排隊等候接聽的電話數量，和每通電話交談結束後的顧客滿意度。

設下標準

為了讓每項績效都能有個視角來幫助員工判斷工作成果的優劣，你必須對每日、每週或每月的績效數字提供比較的基礎，因此你可以提供相關的數字作為比較或標竿的對象。

我們的績效比預算高還是低？將目前的績效與預算進行比較應該是最常使用的標準：目前的績效比預算高還是低？不過，必須是要到當月結束後的數字才可以使用。

我的表現比同事好嗎？無論是個人之間的比較，或分店之間的比較，和公司裡擁有相同職責與績效目標的人或單位相互比較都具有激勵作用。在連鎖零售業，內部競爭是最強的激勵手段之一；在部門層級，這種標準有助於促進團隊精神與團結。然而，在個人層級就必須審慎使用，因為如果公司需要員工彼此合作，就必須確保個別員工在達成自己的績效數字時，不會因為只聚焦在個人之間的相互競爭而導致達到次佳的結果。

我們的表現比上週好嗎？如果你積極致力於優化和改變面向顧客的流程，你可以拿當期表現和較短期間內的其他期間表現比較。例如：我們這週的表現比上週採行不同做法時的表現較好或較差？推出這款APP之後的表現是否比推出前好？推出這個行銷活動後的表現是否比推出前好？

這種比較有助於看出情況是否改善，但切記，還有無法預見到的外部世界因素會影響顧客行為，削弱你做出改變的成效。例如，天氣可能會明顯影響人們去迪士尼樂園或外出購物的意願；每月的特定日期也可能具有影響作用，在剛領薪水後幾天的消費通常較為活絡。從顧客上次付款之後已經過了多久的時間？

實驗控制組。在推行一項新方案時，建立一個實驗控制組有助於看出新方案的成效。溝通活動經常使用這種方法，做法是將一群顧客區分為兩組，一組為實驗組，另一組為控制組。舉例來說，向實驗組發送某項產品的優惠價格訊息，控制組則否。統計上來說，除了這則優惠價格訊息，兩組受到的其他影響因素完全相同，如此便能比較這個優惠價格對兩組顧客的影響：有多少顧客使用這個優惠價格？

不過，在不可能將顧客區隔開來的情況下，很難使用實驗控制組的方法。通常在實體世界很難進行這種建立控制組的實驗，但在評估行銷溝通訊息的成效時則是很實用的工具。

此外，你也應該使用實驗控制組來評估會員制的整體成效。你可以透過讓控制組沒收到會員制提供的部分服務（例如電子報、活動與特惠銷售的邀請函），經過一段期間後再統計這兩組的經濟績效，便能得知會員制的成效究竟有多大。

工具

你必須擁有適當的工具來凸顯與解釋關鍵績效指標，而這些工具必須具備各種功效。下文是通路在挑選績效分析系統時要加以考量的一些重要因素。

資料視覺化。一張圖片勝過一千張試算表，如第三項修練所述，現在的視覺化工具遠非只提供簡單的統計圖表，它們有十分強大的功能可以幫助你辨識資料中的型態。因此，用繪圖的方式來呈現一項行銷活動的成效，遠比解讀試算表上的數字更為容易且更加直覺。

資料整合。當你必須後續追蹤以顧客為中心的關鍵績效指標時，很快就會需要比較來自不同通路的資料，例如，你可能需要把來自電子郵件系統的行銷活動資料拿來和商店匯入企業資源規劃系統中的交易資料互相比對，否則你要如何評量你的電子報在這些商店創造多少銷售量？

通常，你應該整合來自網站、顧客行銷平台、電子郵件系統、APP、顧客關係管理系統、社群媒體、收銀台或企業資源規劃系統的行為資料，才能將以顧客為中心的關鍵績效指標視覺化，不過你可以逐一整合這些系統的資料。

透過電子郵件定期與自動傳送績效報告。除了展示持續更新的績效數據儀表板，若是你的績效分析系統可以定期自動的傳送績效報告給適當的利害關係人，也會有所幫助。

互動性與績效。展示目前的績效情況是一件事，呈現與研判走勢又是另一件事。決定你想讓員工持續看到的績效指標並落實這個想法可能就相當困難了，為此，你的工具必須具備良好的功能，它要能將績效視覺化，在量身打造的數據儀表板上呈現數字，並展示在組織各處設立的大型螢幕上，或是以個別化的形式展示在員工的電腦螢幕上。

但是，當數字不如預期時，你就必須能看到隨時間經過的績效變化，以研判數字的走勢，也必須能深入探究何以這些數字沒有朝期望的方向發展，有什麼領先指標使這項關鍵績效指標不如預期？

這項功能明顯與展示績效數字不同，而且通常不會在公共區域的螢幕上執行與呈現，而必須在桌上型電腦攤開績效數字背後的要素來深入檢視。然而，你不應該花費太多時間在這項作業上，等候片刻還可接受，但若是你每次都必須花五分鐘以上的時間來解答一個疑問，這樣的工具就失去成效與價值。

能應用資料分析使用的那些工具嗎？你的績效基本資訊就是資料，因此，第三項修練敘述的分析方法和人工智慧工具與能力基本上都能應用在績效分析上。此外，在資料分析方面領先的組織應該要能使用演算法來自動發掘績效資料中的重要型態。

不過，對許多公司而言，這種做法可能像是用牛刀殺雞。並非所有「資訊消費者」都需要使用相同的系統來檢視、探索與分析資料，只要資料基礎相同，你就可以很容易的使用一套系統來進行資料分析，再使用另一套系統去透過視覺化或數據儀表板來檢視關鍵績效指標。

過度數字導向的陷阱

太過純粹聚焦在數字目標的第一個危險是，過度聚焦在期望成效以外的目標；其次，可能會創造出員工沒有動機或空間互相協助的工作環境。

另一種潛在危險是，數字無法呈現組織的本質。舉例來說，如果你的顧客體驗高度取決於員工滿意度（顧問業即為一例），過度聚焦在每月預算可能會導致一個不愉快的工作環境，而產生的連鎖效應是：不滿的員工導致不滿的顧客，因而更難達成下一個月的績效數字。

績效分析無法取代領導

相當重要而且必須強調的一點是，優良的績效分析無法取代優良的領導。如果沒有人了解公司的目標，沒有人相信他們幫助「建造大教堂的願景」，那麼績效分析將無法拯救公司。當然，能夠激勵員工、創造員工喜歡的工作環境的管理作為仍是必要的。因此，基本上，「管理」與「領導」迥然不同。

評量文化

為了達到我們所謂的「評量文化」（measurement culture），你必須成功做到幾件事：

- 你必須正確找出以顧客為中心的關鍵績效指標，並決定以哪些指標作為這些關鍵績效指標的領先指標
- 你應該使用視覺化工具向適合的員工展示適合的關鍵績效指標。你也必須明顯的展示個別員工的努力所產生的差異
- 你必須訓練員工，教導他們根據來自經理和評量的持續回饋，不斷優化工作表現

這些正是績效分析的宗旨：組織中的多數人經常做決策，而他們應該以績效現況與發展的事實洞察作為決策依據。當出現他們不了解的情形時，或他們想做出改善時，若是他們也有能力更加仔細檢視績效數字並深入探究，那就代表你的組織已取得很大的進展。

圖5.3 績效分析的成熟度面貌

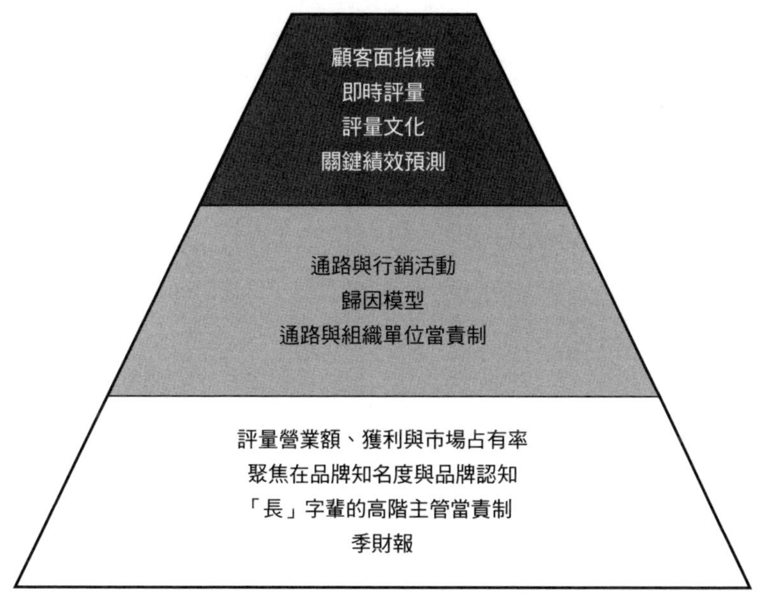

績效分析的成熟度

最高水準

在績效分析這項修練達到最高水準的公司已經透過資料分析建立一個目標層級（goal hierarchy），通路績效指標與行銷活動績效指標是以顧客為中心的關鍵績效指標加權後的領先指標。此外，這些公司在進行關鍵績效預測時，能夠使用人工智慧來預測關鍵績效指標最可能出現的演進情形。這些公司的所有員工都知道自己部門的目標，也很容易取得部門的績效現況資料，並能根據資料自行做出決策。當這些公司推出跟顧客相關的新方案時，在可能的範圍內會使用實驗控制組來評估新方案的成效。

中等水準

在績效分析這項修練達到中等水準的公司，採取結構化的方法來評量與優化特定的銷售與行銷通路，這通常是反映在特定實體與數位部門。這些公司使用事前與事後評量比較的方法，並沒有確立的目標層級，明訂哪些指標是公司長期成功的最佳領先指標。中等成熟公司中最進步的公司會使用銷售模型來辨識調整通路的廣告對銷售業績的貢獻度。

最低水準

在績效分析這項修練達到最低水準的公司，主要評量匿名化的銷售數字、獲利與市場占有率。在品牌與行銷方面，它們聚焦在品牌知名度與品牌認知。這些公司通常只有管理階層會取得每季（至多每月）的公司財務與品牌相關績效數字。

你可以掃描以下條碼連結至網站上接受我們以全通路六邊形模型設計的測驗，評估公司執行全通路的水準（英文）：

OMNICHANNELFORBUSINESS.ORG

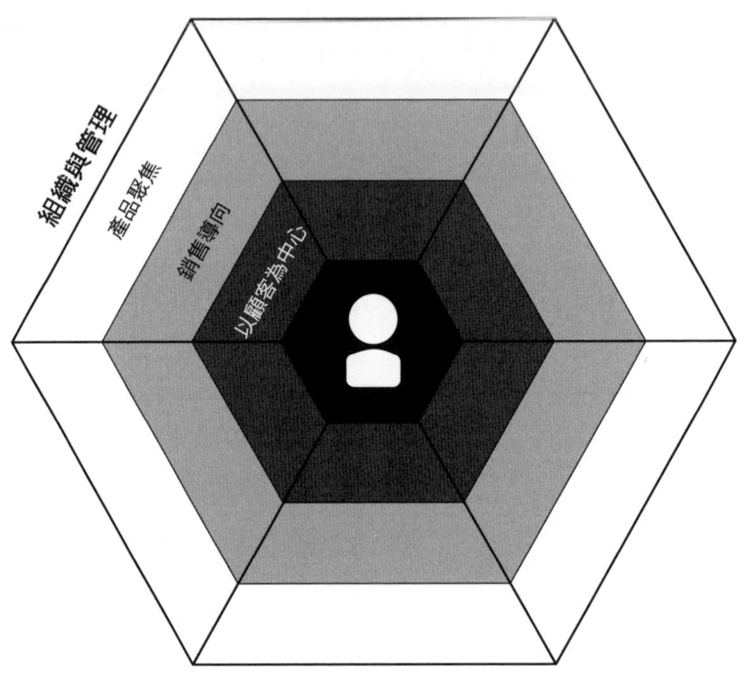
組織與管理
產品聚焦
銷售導向
以顧客為中心

第六項修練

組織與管理

你的組織與獎勵制度必須要能支持各個通路的顧客服務優化，否則個別計畫與目標將會很快的阻礙你邁向優異的全通路顧客體驗。另外，你的組織也必須具備必要的技能與工具來幫助你成功。

克蘿伊（Chloé）在成為絲芙蘭美妝連鎖店（Sephora）美妝顧問的第一天，她到巴黎的絲芙蘭大學受訓，受訓課程包含學習「絲芙蘭態度」、護膚、化妝品、香水等等方面的知識。她發現絲芙蘭對於以顧客為中心似乎有特別的理念。

訓練課程的主要內容都和絲芙蘭與顧客建立連結的方式有關，其中也涉及多種工具與方法的應用。首先是實體商店的數位工具，絲芙蘭會先透過APP引導顧客前往實體商店，再指引她們找到貨架上的特定產品，除此之外，它還會發送每日促銷活動的通知。不只如此，顧客也可以使用虛擬試妝功能「Virtual Artist」，這讓她們可以運用擴增實境技術來試用彩妝，同時觀看效果。

接著是「美人會員」（Beauty Insider）這項會員制方案，它是對美顏感興趣的顧客社群，顧客可以藉由這個社群結識膚質或髮型相似的其他會員，並享有相互交流最佳實務的機會。加入會員的顧客還能擁有虛擬美妝袋（Beauty Bag），清楚展示所有喜歡的產品和以往購買的品項，使她們極容易就能補貨。

由於絲芙蘭運用技術和自助服務工具全力支援銷售人員大部分的例行工作，使克蘿伊得以更專注在幫助顧客找尋合適的美妝，同時也能使用工具，在顧客的購買旅程中提供嚮導與指示。[1]

全通路不只跟技術有關

想要實現全通路，需要的不只是聰明的技術。技術並非童話故事中的仙女棒，因此你不可能期待在組織裡輕輕一揮，員工就能在突然之間如你所願的使用技術來達成你想要的成果。如果你想在全通路和人工智慧方面獲得成功，切莫將它們當成獨立的專案計畫加以執行。

要達成全通路行銷轉型，應該要有穩固的定錨，這涉及的是整個組織的變革。然而，由於全通路是一個持續發展中的領域，因而你很難始終保持在最頂尖，並事先得知做法可不可行。儘管如此，全通路已經成為致勝關鍵，因此你最好搶在亞馬遜、京東商城、阿里巴巴或不知名的某家公司顛覆你的事業之前就展開全通路轉型。

需要組織怎樣的支持？

問題是，你的事業該如何成功創造優異的全通路顧客體驗？本項修練將探討在組織裡推行全通路的一些重要課題：

- 執行長的支持與坐鎮

- 部門之間的通力合作
- 調整獎勵制度
- 全球的行銷組織
- 灌輸全通路文化
- 新的全通路行銷營運模式
- 需具備的全通路技能與資源

取得執行長的支持十分關鍵

你會需要團隊，但更重要的是，你會需要整個組織的協助。你可以單靠自己去說服其他部門，但縱然他們了解你為了促進公司事業成功的動機，也相信全通路轉型有其必要，他們仍將身陷於單一部門，同時局限於一個以舊規範加以定義的角色，這些舊規範包含職責、目標、個人財務與職業成功最終取決的因素。因此，與所有的組織變革相同，全通路變革必須要由公司最高層發號施令。不過你無法一夕之間就改變執行長的心意，因為即使全通路轉型是正確而必須去做的事，並不意味著它必定會成為執行長現在的第一優先要務。

與執行長的目標達成一致

你應該展現出你是真正了解公司事業的目標與需求，而非只著眼於行銷。切記，事業的長期成功包括適當的迎合最多的顧客，因此，務必要使執行長知道你對此有清楚的認知。你也必須接受一個事實：在推行新事物的同時，你至少還會有幾年的時間必須繼續做傳統的行銷活動，並且應該避免太過狹隘的聚焦在客製化行銷計畫，而是應該兼顧公司和執行長的事業目標。

建立一個引導同盟

你是否能找出公司經營管理團隊中已經支持這個全通路策略計畫的人？使用資料來優化顧客回應率、顧客互動、銷售業績與業務的其他部分並非新概念，如今你應該嘗試尋找同事做對事情的案例，無論他們是否有管理階層的支持。由於他們可能有感於自己的行動未能獲得足夠的賞識，而且也沒有權力與影響力去推廣這些明智的行動，並延續潛在效益，因此你需要的就是來自這些人的支持，建立一個引導同盟（guiding coalition）。

與他們合作的第一步是建立共通的語言與詞彙，因為每個部門都有各自使用的術語，這往往會成為溝通與了解的絆腳石，而克服這種障礙的一個途徑是，對你的同事進行全通路模型測驗（參見本項修練最後的連結條碼）。你可以藉由討論如何回答各種疑問來幫助眾人了解最重要的詞彙，並促使全體朝共同的目標前進。

建議執行長閱讀這本書

執行長有時更關切的是公司目前競爭對手的狀況，卻容易忽略阿里巴巴和京東商城構成的潛在威脅，因此你可以建議執行長閱讀這本書，尤其前言和本項修練的內容能讓執行長對全通路策略獲得一定程度的了解。你也可以介紹全通路基準比較工具給執行長，同時讓執行長了解你和你的引導同盟獲得的成果。

取得公司正式任命為變革代理人

總要有人來推動全通路轉型，因此如果你已經建立引導同盟，並且說服執行長，那麼取得正式任命為變革代理人應該是件簡單的事。如果情況並非如此，可能是因為你的組織需要解決一些更基本、目前威脅到事業短期生存的問題。基本上，這種專案的處理方式對全通路轉型行動的未來可能具有關鍵的影響力。

釐清你會需要的支援

本項修練會討論當你需要組織各部門提供支援時，你需要釐清的疑問、各部門的協助與交付的成果。你必須能夠清楚描述成果的面貌，和你需要其他部門的何種協助才能達到這樣的成果。你可以解釋最可能遭遇的阻礙，藉此來幫助你發掘現有部門的目標、職務說明、獎勵與薪酬制度存在的問題。請參見後文的更多討論。

調整目標與獎勵制度

你的引導同盟中可能有一些人負責倡導全通路轉型，然而如果這種做法會導致他們無法達成目前職責所承擔的績效目標，因而造成薪資減少時，他們不會投身其中。因此，執行長必須針對這些人調整績效目標與獎勵制度，尤其是針對尚未加入行列的人，以免阻礙全通路轉型需要各部門配合的事。當然，這無法在一夕之間達成，因此你必須有耐心，同時也要取得各個「長」字輩高階主管的認同。一旦上述支持與需求都到位，接下來就是進行一般的變革管理，直到落實全通路轉型。[2]

通力合作：誰負責做什麼事？

在全通路轉型中，你扮演的是什麼角色？如前所述，全通路轉型需要來自公司執行長的支持，但執行長不可能擔任首席變革代理人，那麼要由誰來掌舵？根據2018年埃森哲互動顧問公司（Accenture Interactive）委託佛瑞斯特顧問公司（Forrester Consulting）所做的一項調查，「長」字輩高階主管（執行長、行銷長、顧客體驗長、行政長、營運長、資訊長、財務長等等）各以間接方式強調部門之間通力合作的重要性。[3]佛瑞斯特顧問公司甚至在這份研究報告中建議應該要有一個中介的「合作長」（chief collaboration officer），這不是正式設立的頭銜，而是指負責促進部門之間通力合作的領導人，而這個人必須是這方面的專家。

由行銷部門掌舵嗎？

在B2C領域，從聚焦在數位轉向聚焦在顧客，意味著行銷部門和行銷長相當適合擔任全通路轉型的掌舵者。事實上，根據佛瑞斯特顧問公司的這份調查研究報告，90%的受訪者認為行銷長就像各事業單位之間的結締組織。

以下三點原因使得由行銷部門掌舵變得十分合理：

1. 行銷活動已經從以品牌和廣告為中心轉變為以顧客為中心
2. 每天和顧客互動量最多的部門是行銷部門
3. 行銷部門重度使用數位工具，因此對數位工具適應良好

基於這三點，由行銷部門領導公司從聚焦在數位轉向真正的全通路顯得合情合理。

此外，波士頓顧問公司在2017年5月的一篇文章也提出相同觀點：

在位者如果想捍衛與擴張市場占有率，就必須重新想像事業該如何轉型為以客製化價值主張為核心，並透過結合實體與數位體驗來加深和顧客的連結。它們必須將品牌的客製化擺在策略計畫的首要位置，藉此影響所做的每一件事，包括行銷、營運、商品銷售規劃與產品發展。[4]

不過，未必必須由行銷長擔任掌舵人，其他傑出人物也可能負責領導，但他們的資格似乎全都是以數位顧客互動的背後原理為基礎。

以絲芙蘭美妝連鎖店為例，線上雜誌《嬌絲》（*Glossy*）2018年4月報導絲芙蘭如何結合實體商店、數位與顧客服務於一體，而這些行動的領導人是絲芙蘭的全通路零售執行副總瑪麗・貝絲・勞頓（Mary Beth Laughton），她之前是絲芙蘭的數位資深副總。絲芙蘭正從數位轉型邁向全通路轉型。[5]

絲芙蘭現在則是將以往的核心行銷工作（例如品牌行銷與廣告）交由行銷與品牌資深副總掌管，雖然這位副總接任這項重要的工作，但尚不足以擔任全通路轉型的掌舵者。

創立新頭銜

全通路零售執行副總、顧客長、商務長全都是新頭銜，這些新頭銜的出現顯示公司正在推動統一責任歸屬的工作，希望能藉此克服內部障礙，同時打破那些傾向個別顯示與自行局部優化行銷通路因而損及顧客忠誠度的孤島心態。頂著這類頭銜的人往往肩負著盈虧責任，因此可以避免他們成為有權無責的無冕王。換言之，他們肩負賺錢和花錢（推動和支持全通路）的責任，以及成效不如預期的責任。體驗長與數位長之類的職務就未必如此，這些高階主管如果沒有明確的預算和任務，很可能就會失去影響力。

至於是否要將行銷長晉升為這類新頭銜，抑或仰賴和其他「長」字輩高階主管和諧合作，就留待你的組織和未來決定，不過後面的內容我們會直接把行銷長視為全通路轉型的掌舵者。

最後一點是，即使資料分析與人工智慧是全通路轉型中十分關鍵的部分，但分析長不太可能會是全通路轉型的掌舵人。

需要跨部門通力合作

領導全通路轉型的行銷長必須同時兼顧傳統行銷、全通路行銷和推動轉型，但其他部門需要做些什麼？

和銷售部門通力合作。為了運作全通路六邊形模型，你需要來自銷售部門的大力協助，當然，這些協助有許多不同形式。如果你的事業是實體零售業，那麼銷售通常是零售的同義詞；如果你的公司是純電子商務事業，那麼銷售通常是電子商務的同義詞，而且較容易破除孤島心態。在B2B事業（例如製造業公司）領域，情況可能有兩種：你的事業是數量型事業

（volume-based business），或者，你的事業涉及十分複雜的銷售工作，而個人關係有很大影響力。

無論是B2B或B2C，本書都聚焦在數量型事業，因此儘管客戶經理可以從他們與客戶和潛在客戶的交談與數位互動中獲得洞察和蒐集資料而獲益匪淺（這和全通路有許多相似處），但我們選擇不加以深入探討，而將這些留給所謂的目標客戶行銷（account-based marketing）的最新文獻。

如果你的事業是數量型事業，那麼你會直接或間接和消費者往來。

取得B2C銷售（零售）部門的支援，包括：

- 在實體商店邀請顧客註冊與辨識顧客
- 實行數位工具
- 人員的持續訓練
- 倡導、灌輸與獎勵全通路文化

取得B2B銷售部門的支援，包括：

- 使用銷售活動來推廣幫助經銷商的數位工具（可能也藉由這些工具來蒐集資料）
- 和零售商與經銷商合作，以取得終端顧客的資料

如果你的全通路轉型工作未能取得來自銷售部門的支援，

必然會陷入典型的通路衝突。研究顯示，全通路型購物者的消費會隨著他們用來和品牌互動的通路數量增加而增加。[6]然而，如果組織不重新思考與調整薪酬制度，實體商店經理往往會把電子商務視為勁敵，因而不會讓店員積極邀請顧客註冊、詢問顧客的會員帳戶以登入資料、在店內使用新的數位工具、面帶微笑的接受線上購物者來店辦理退貨（並追加銷售）等等。

和IT部門通力合作。如果公司的核心事業平台仍不穩固（例如零售的存貨數字不正確、電話經常斷線等等），那麼你必須費時很久才能看見全通路中的行銷活動發揮出成效。同理，如果你希望IT部門支援建立與維修先進系統，你很可能必須排隊等候IT部門先行妥善處理基礎工程，而這也可能曠日費時。所以，你必須要有耐心。

如果你的公司有實體商店，你就需要IT部門在店內設立、配置與維修新硬體，包括：

- 店內自助服務機，讓顧客可以查詢產品的店內存貨與自助下單（店內電子商務）
- 如永恆印記的上海「Libert'aime」概念店（參見第一項修練）設置的「魔鏡」，讓顧客在註冊成為忠誠會員後，能於魔鏡前試戴珠寶，再由魔鏡為顧客拍照，便可與朋友分享並得知評論
- 廣泛的銷售點（point-of-sale, POS）功能，讓銷售人員

能查詢個別顧客的資料，並查看他們的購買歷程、追蹤清單與留在線上購物車中而未來最可能購買的產品

- 「顧客諮詢服務」（clienteling）APP，整合所有詳細的銷售點與顧客資訊並置入可於店內隨處使用的一部可攜式裝置，幫助銷售人員服務顧客
- 店內 Wi-Fi 與信標，以便能在店內辨識顧客

除了建立與維修這些全通路相關的硬體，你還會需要管理顧客資料。以往 IT 部門的主要工作是（可能現在仍是）向財務長報告銷售數字，但 IT 部門未必會詢問有關顧客資料的問題。雖然，歐盟的「一般資料保護規範」原本被認為會對歐洲的全通路行銷與在歐洲經營事業的公司構成一大潛在阻礙，然而事實顯示這反而是一大助力，因為它迫使 IT 部門現在必須認真看待顧客資料，並將其保存在井然有序的資料庫以遵從法規，而這個好處足以彌補必須刪除幾千筆久未往來的顧客紀錄（因為已經沒有人記得這些顧客是否同意哪些行銷做法與條款）所花費的心力。

行銷技術的所有權。現在，雲端型行銷技術平台（通常是透過「軟體即服務」之類的雲端來提供）的所有權往往歸屬行銷部門，而這類平台的銷售素材經常將此描繪為一項優點：行銷部門如今不太需要仰賴 IT 部門。儘管這些平台未必會有安全性或穩定性之虞，但是如果這些領域仍由 IT 部門負責，行銷部門就必須尊重 IT 部門，當在挑選系統和做出與顧客資料儲存與

整合的相關決策時，必須諮詢並邀請IT部門參與。

從分析獲取洞察。如第三項修練所述，IT部門（或商業情報部門）不能只是被動的報告銷售數字，也應具備適當足夠的工具、資料、人員和技能，因而可以提出高水準的報告與將資料視覺化。因此，你應該要有一個專門的分析部門來持續執行終端顧客的傾向評分和群集分析：他們是誰；他們是什麼類型的人，擁有什麼類型的行為和特徵；他們最可能對什麼東西感興趣；他們最可能做什麼或購買什麼東西；他們的流失風險有多高，如果可能會失去他們，是否值得加以挽留？是否可能留住他們？

不過，分析並非全為了行銷而做。在達到一定成熟度並擁有足夠資源後，你便可以設立專門的顧客關係管理分析師，無論他們是隸屬行銷部門或分析部門都可以。

和研發部門通力合作。這主要適用於那些和終端顧客大多間接往來的製造業公司。例如，在產品中內建資料蒐集，做法是在產品的材質或電氣電子產品的數位核心置入無線射頻辨識（RFID）晶片或類似設備，助聽器、車輛、電子閱讀器、平板裝置、有源音箱、軟體，甚至是智慧型成人紙尿褲都是可應用的例子。不過，如果你希望全通路轉型成功，切勿讓研發部門以自己的封閉生態系統擁有這些資料，而是應該和行銷、顧客關係管理與分析部門通力合作，善加利用這項技術優勢。

和人力資源部門通力合作。你需要人力資源部門幫助教育與訓練現有員工理解全通路相關的全部概念，和受這個新典範影響的各項工作。全通路技巧與職能在招募新員工或設計跨及舊部門的新組織架構時也很重要。此外，在重新設計配合全通路計畫的新獎勵制度與薪酬待遇方案時，人力資源部門也是關鍵的利害關係人。

調整獎勵制度

你不只要讓員工了解全通路轉型，也必須激勵他們共同支持，如果你無法加以妥善處理，那麼經濟誘因可能反而會促使他們和全通路轉型背道而馳，因此你必須有所改變。

獎勵制度不僅會影響個別員工，也關係到他們必須達成的工作目標。2000年代初期，由於顧客並沒有許多雙向通路可以轉換，因此當時會先將公司的總目標分解為子目標給每個組織單位，個別單位再根據子目標劃分為個別員工的職責，公司則據此論功行賞。換言之，每個地區、地區經理、分區經理和分店經理都會有自己的銷售目標與成本目標，而每位銷售人員也會有自己的銷售目標。

之後伴隨著電子商務的發展，自然就建立一個專責電子商務的單位，而這個單位也會有它的營收與成本目標，於是便衍生出前文提及的實體商店和網路商店彼此之間的通路衝突。此外，如果電子商務歸屬於行銷部門下，從組織的觀點來看，很可能還會衍生出銷售部門和電子商務之間的衝突，而從顧客的觀點來看，這種衝突似乎相當弔詭。

個人獎勵或團體獎勵

獎勵可能是針對單一個人的個人獎勵，或是針對多人的團體獎勵，例如獎勵達成一個共同目標，藉此促進合作並形成團體感。團體獎勵最適合用於需要多人密切合作的複雜工作，個人獎勵則適用於由個人處理的工作，例如一位會議業務招攬員每招攬到一場會議就獲得200歐元的獎金。不過，個人獎勵制度並不利於一個單位或團隊中的合作。

此外，獎勵未必總是依循組織架構。雖然基於歷史原因，有些公司可能仍將電子商務歸屬於行銷部門，而非銷售部門，但銷售主管的部分獎金可能取決於電子商務的銷售業績。

獎勵應該反映以顧客為中心的關鍵績效指標

為了發揮獎勵的成效，你必須持續進行公司、部門與個別員工層級的績效分析。如第五項修練所述，目標與獎勵應該反映最有益於長期顧客獲利能力的因素，不可在無意間鼓勵個別銷售通路內的局部優化（次佳化），卻犧牲全組織的最優化。

另外，縱使個別員工了解某個行動對顧客和公司而言是正確的事，但實際上，他們之所以選擇去做這件事往往是因為能獲得獎金，或是能在績效評量面談時獲得讚賞。因此，他們通常會將那些不計入目標績效評量、但有助於共同利益的工作排在其他工作之後，尤其工作繁忙的時候更是如此。

為何許多組織還沒有調整獎勵制度？

這個問題的答案很簡單：因為很難進行。

如果沒有誘因促使部門主管改變職掌部門的職務目標與獎金，他們通常就不會採取行動。你的銷售總監為何要督促商店員工將顧客送往隸屬行銷部門的網路商店？因此，管理高層必須設法消除孤島思維，並將顧客置於中心。

一旦有了意願，距離採取實際行動依然有段漫長的路途，因為一年只會舉行一次績效評量，而且電話客服中心、實體商店和經銷店員工可能已有舊式的獎金制度。儘管調整獎勵制度相當耗費心力，但如果你想讓全通路轉型成功，這會是你必須執行的一個環節。

獎勵制度的問題是過渡性問題嗎？

在本書作者安排的一場全通路六邊形模型辯論圓桌會議上，電子商務顧問公司eCapacity（在哥本哈根和倫敦營運）的執行長佩爾·拉斯穆森（Per Rasmussen）認為，獎勵制度和通路衝突的問題應該只是一種過渡現象，目前可能看似難以克服，但未來，以顧客為中心的獎勵制度將被視為很自然的事，甚至無須向新進人員解釋，因為在他們先前任職的公司已如此實行。不過，我們認為距離這種境界仍有相當漫長的一段路。

實體商店的獎勵制度

你必須修改實體商店的績效數字統計與獎勵方式，才能激勵員工向顧客取得行銷許可，並創造更好的顧客體驗。首先，你必須讓實體商店的管理者與員工清楚了解他們有責任幫助顧客在線上購買，以及幫助在線上購買的顧客在實體商店辦理退貨。一位顧客之所以拿線上購買的禮品到某間實體商店辦理退貨，很可能是因為這家商店距離住家很近，如果他辦理退貨時得到很差的體驗，那麼以後可能不會再光顧這家商店。

其次，你不能懲罰轉介線上交易或辦理來店退回線上購買商品的商店員工。如果商店店員肩負營收與支出的績效目標，那麼，由商店店員轉介顧客前往線上購買所創造的營收應該全部計為商店營業額，在線上購買、但在商店辦理的退貨則不應計在商店頭上（除非顧客在線上購買時，營收已經計入商店的營業額）。

第三，商店應該樂見來店人潮增加，因此，你應該拿店內發生的故事和實際數據向商店管理者與員工證明：每一位「網路下單，門市取貨」或來店辦理退／換貨的顧客，都代表一個潛在的追加銷售機會。

第四，推出「網路下單，門市取貨」（亦即讓顧客可以選擇在線上購買，到實體商店取貨），並且幫助商店管理者與員工了解線上銷售其實有助於創造實體商店的銷售。你可以採取的做法包括讓銷售點取得顧客的線上行為資料，或是讓商店經理寄發客製化電子報給附近地區的顧客，以此通知當地活動與促銷的相關資訊。根據JDA軟體公司（JDA Software Group）和森帝洛解決方案公司（Centiro Solution）聯合發布的2017年顧客脈動調查報告，在使用「網路下單，門市取貨」服務的歐洲成人中，有24%會在取貨時順便在店內多購買一件產品。[7]

美國家具公司Crate & Barrel的營運長麥克．瑞利克（Michael Relich）也支持對實體商店員工的獎勵制度做出調整：

> 零售業者必須針對全通路來調整獎勵制度。然而有許多零售業者仍只根據商店銷售額來獎勵商店，而用電子商務銷售額來獎勵電子商務，因此無法產生無縫接軌的體驗。事實上，顧客並不在乎你如何組織，他們要的是無縫接軌的體驗。[8]

廚具居家用品零售業者威廉斯索諾瑪公司的執行副總派屈克．康諾利（Patrick Connolly）也持相同的觀點：

> 我們獎勵促成線上購買的商店員工，退貨則歸屬該負責的通路，並避免將線上商品的退貨計入商店員工的績效。通路中立（channel-agnostic）理念深植於我們公司，因此我們鼓勵商店發送線上商品型錄給顧客，而無須擔心這會損及實體商店業績。[9]

獎勵旨在鼓勵特定行為，它又可分為軟性獎勵（soft incentives）與實質獎勵（hard incentives），前者只是反映對員工的期望，後者則直接影響員工的薪酬，通常是以個別員工的獎金作為獎勵。

對數位行銷團隊的獎勵

你也必須使用新的評量制度來激勵數位行銷團隊。與其他部門相同，你必須調整他們的獎勵制度，而他們也需要接受再訓練。他們必須打造使實體商店也獲益的數位解決方案與數位行銷，例如驅動顧客造訪最靠近他們的實體商店，以增加商店人潮、展示商店目前的產品存貨、邀請（或讓商店經理發出邀請）顧客參加當地活動。

行銷部門內的孤島

縱使在行銷部門內部也可能存在孤島，尤其若是行銷部門設有專門負責個別通路的行銷溝通經理更是如此，但也可能純粹是活動量所導致的孤島。你應該提防每個通路使用的工具本身可能會強化在技能、資料甚至使用語言（亦即不同的指標）等方面的孤島，而未調整的獎勵制度可能會進一步強化孤島傾向。

因此，內部的知識分享交流和通力合作必須列為優先要務。如果行銷部門的員工沒有通力合作，你又怎能說服其他部門和行銷部門合作？你的全通路轉型又如何能成功？

全球行銷組織

跨國公司在設點的每個地區或國家通常都會有自己的行銷部門，也往往會具備自己的數位能力。擁有很大銷售金額的地區性組織一般都握有諸多力量，也可能具有相當程度的自主性，這隱含的是，全球行銷組織的角色可能局限於發展中央品牌，並確保各國和各地區統一使用，換言之，就是進行品牌治理。

另外，在數位領域，如果沒有相當的預算和人事，全球行銷組織可能會被縮減至只負責打造數位工具來交給那些沒有夠大的部門或預算得以自行打造數位工具的地區使用，如此一來，全球行銷組織可能會淪為「最小分母」的地位，而非創新的驅動者。

因此，你必須採取行動，避免行銷部門的潛力受到如此縮限。

如何做全球在地化的全通路

為了成功推行全通路行銷和人工智慧，權力與行動方案集中由中央管理，但仍應該保留空間給各地區，讓各地區可以將

中央的行動方案加以在地化，並能自行舉辦行銷活動，這就是全球在地化（glocally）

如此一來，地區市場主要在做的就是內容和活動，至於數位發展（網站、APP 等等）、自動化和分析之類的特殊技能最好是交由中央處理，以達到產生最大能量的群聚效應，同時維持一個較不依賴特定人士的專業人員社群。在資料分析方面，你可能也會需要進行預測模型的在地化，但這項工作不應該外包給各地區，而是應該交由公司的中央組織進行處理，使用的則會是各地區提供的在地市場消費者行為資料。但切記，為了發展適合各地區和各國文化使用的行銷材料，你會需要花費至少兩倍的時間和資源，因此中央部門必須具備充足的資金。

另外，許多公司都會採行分區的方法，將全球區分為不同的國家群，例如北美地區、拉丁美洲地區、歐洲地區（有時合併歐洲、中東和非洲為同個地區）、東南亞地區、亞太地區，對一些公司而言，這種做法可以在集中化和產品上市時機（time to market）的考量之間達到適當的平衡。

全通路文化

即使你在組織、獎勵和技能等層面都已到位，還是不夠，你還會需要支持全通路的公司文化。第五項修練提供一個全通路轉型文化變革的好例子：挪威電信公司的數位銷售經理拉斯穆斯選擇推動「線上保留，到店取貨與付款」（讓顧客在線上保留商品，到實體商店取貨時才付款），儘管這將和公司傳統的績效評量與銷售業績歸屬制度直接產生衝突，但他仍勇於提出這個新構想。「線上保留，到店取貨與付款」會把轉化率和銷售業績從線上轉移至實體商店，嚴格來說，這並不在拉斯穆斯的職責範圍，然而拉斯穆斯心生這個構想，也對於這項實驗奏效後公司的獎勵制度將有所調整懷抱信心，證明挪威電信公司已成功推行全通路文化。

泰倫斯·迪爾（Terrence Deal）和艾倫·甘迺迪（Allan Kennedy）在《塑造企業文化》（*Corporate Cultures*）中定義企業文化為：「公司裡的做事方式。」[10]這包含所有明文與未明文訂定的規則，和指引公司的價值觀與理念。若是員工對於必須做的事有所疑問，他們將會下意識的憑藉公司文化找到一個決策基準。

了解全通路

你的員工必須要了解自己是一家顧客導向公司的成員。縱使公司的獎勵制度和組織單位都已到位，你也必須使新進員工快速感覺與認知到，在你的公司，員工的工作全都以顧客為中心，無論是生產、溝通，還是服務。

亞馬遜就是一個範例，它的公司文化便深植以顧客為中心的理念。早在1997年，亞馬遜的執行長傑夫·貝佐斯（Jeff Bezos）就說了以下這段話，足以證明這家公司百分之百致力於以顧客為中心：

> 我們不以競爭為念，我們以顧客為念，我們以顧客為起始點，並往回推。[11]

所有員工都必須對全通路行銷的六項修練具備一定程度的理解，也了解他們必須在所有通路辨識顧客、徵詢行銷許可、蒐集資料、使用資料和從資料中汲取的洞察，來改善對每一位顧客的服務與溝通。若是你的組織未能達到這種境界，那麼，昂貴的IT投資很可能最終未能加以使用，而全通路轉型將遲遲不見明顯的成果。

了解顧客資料

在公司中推行與落實全通路時，使用顧客資料是十分重要的一個部分，因此你的員工應該要了解何謂資料導向，最重要的是，他們必須了解這對工作代表的含義。

在數位部門，各通路的經理必須能解讀和了解資料，他們必須可以使用資料庫與資料關聯性，並且知道資料輸入與輸出的例行作業、資料命名協定與何謂應用程式介面。對那些習慣傳統、較型錄導向行銷方法的員工而言，這可能會是一個較難學習與上手的新領域。

即使是在執行大眾媒體行銷活動時，你的員工也必須了解如何使用資料，因為來自顧客資料的洞察可用於創意概念。此外，你的行銷戰術也應該包含取得顧客行銷許可和資料蒐集，如此一來，下次就無須再花錢購買顧客和潛在顧客的注意力，可以改為透過自有媒體發送客製化的行銷訊息。

勇於實驗

你無法在科技發展日新月異的現今世界事先研判下一個重大發展，即使是善於辨識趨勢的人也難以總是準確預測來年的趨勢。

為了保持在競爭的領先地位，公司必須實驗新的做事方式，並推出新專案，同時持續以開放的心胸看待現有的解決方案，而且在不危及整個事業的前提下持續進行優化。我們在阿里巴巴、亞馬遜、Google和許多大型公司都看到這種傾向，它們都持續推出「測試」專案，用以測試下一個可能的重大發展。

因此，你必須鼓勵員工勇於實驗，而且獎勵他們這麼做，不要因為他們做出的嘗試一開始不成功就給予懲罰，因為實驗可以創造知識，而當分享這些知識時，將會產生新點子。每一項專案都有萬無一失的經濟效益固然很棒，但如果你的公司堅持這個原則，繁文縟節將會阻礙新的行動方案推動，與此同時，競爭者將會搶得領先的地位，而最糟糕的情況是，競爭者將會贏得創新的好名聲。

圖6.1　四種企業文化類型

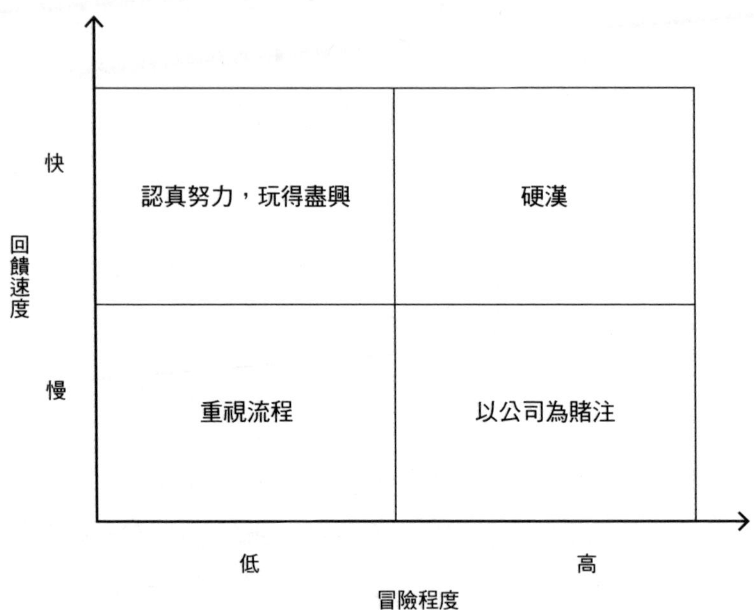

資料來源：https://www.mindtools.com/pages/article/newSTR_86.htm

認真努力，玩得盡興

迪爾和甘迺迪在《塑造企業文化》中用一個二階矩陣來分類企業文化，這個二階矩陣的一軸是回饋速度（亦即公司從新行動中學到啟示的速度），另一軸是對風險的容忍度（亦即願意對每項行動方案下多少賭注）。[12]

理想的全通路文化最接近這四種企業文化類型中的「認真努力，玩得盡興」（work hard, play hard）類型：頻繁實驗，每次冒一點險，不斷的從實驗中學習。

灌輸全通路文化

由於全通路和以顧客為中心都不是主流典範，因此你的全通路轉型將會需要進行大量的內部行銷與訓練，你也需要持續致力於讓所有現有員工跟上最新發展，特別是新進員工。

首先，你務必使全體員工都知道公司是以顧客為中心的全通路型公司，以及這對於顧客體驗、員工、員工的日常工作與目標代表的含義。你應該將它當成一種常態的內部行銷活動予以概念化，也給予一個名稱，同時製作並發送重要的材料（例如口述影片、訪談、故事等等），除此之外，你可能也需要前往各地區、分店和部門進行宣導。

其次，你必須確保員工都獲得執行新工作方法的實務訓練，例如，負責顧客關係管理工作的員工將需要接受以新行銷技術來作業的方法訓練，銷售人員將需要接受店內自助服務機、顧客諮詢服務APP、魔鏡等等的操作訓練。關於全通路需要的員工訓練，我們認為美妝連鎖店絲芙蘭是一個可汲取靈感的良好範例。[13]

第三，你應該展示全通路帶來的改變，你可以為所有部門與員工提供容易且即時的數據儀表板，顯示顧客導向與全通路指標目前的狀態，以及各團隊對事業成功做出貢獻的方法。

圖6.2　新的顧客旅程運作模式

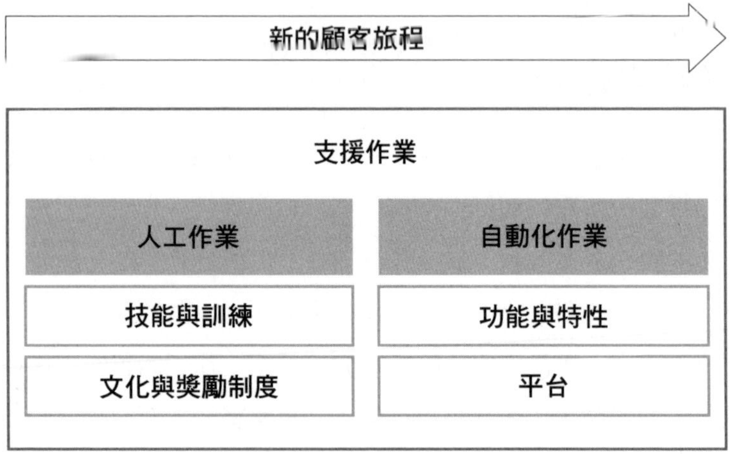

新的顧客旅程

支援作業

人工作業	自動化作業
技能與訓練	功能與特性
文化與獎勵制度	平台

營運模式

當你決定展開全通路轉型後，首先你要決定新的顧客旅程模樣，接著再思考用以支援的計畫。

你會需要執行許多新作業來支援新的顧客旅程，有些工作會交由員工執行人工作業（例如在商店邀請顧客註冊加入忠誠會員方案），其他則是自動化作業（例如通知顧客需要的商品已經到了）。員工需要具備執行人工作業的技能，因此你也必須給予訓練。在更深入的層次，你還必須激勵員工執行這些工作，而這會需要全通路文化與適當的調整獎勵制度。

另一方面，你必須使用行銷技術堆疊的功能與特性來建立自動化作業，但有時這些平台本身並沒有你需要的功能，因此你必須發展需要的功能，或是改變平台。

想像未來的全通路顧客旅程時，應該檢視與思考為了建立全通路文化需要做的事，和你是否擁有合適的平台。

精實的全通路優先順序方法

假設你已想像未來的顧客旅程，也建立所有必要的平台，那麼，緊接著必須思考的重要問題是：顧客旅程中哪些部分目前阻礙你達到更有益的顧客關係？你和重要利害關係人必須在資料分析的協助下，共同決定這些部分的優先順序。

顧客旅程中的這些部分稱為「史詩」（epics），這個名詞是借用自敏捷式軟體開發（agile development），代表從終端用戶（終端顧客）的角度看到的一組工作，而每一個「史詩」可以再分解成更細部的工作，通常稱為「用戶故事」（user stories）。你和重要利害關係人應該根據估計的價值與需要花費的工夫來排序每一個「史詩」。

價值部分包括：

- 估計短期的轉化利益
- 從顧客終身價值來估計長期利益

花費的工夫包括：

- 建立或調整平台特色
- 製作內容與創意材料
- 統籌內容、溝通、行銷與顧客關係管理的自動化
- 調整訓練方案與獎勵制度以反映新作業
- 訓練人員如何執行新作業

至於優先順序，當然應該從最不費力且最有價值的「史詩」開始著手。

你應該遵循理想的全通路文化：「認真努力，玩得盡興」。這部分你可以考慮根據艾瑞克・萊斯（Eric Ries）「精實創業」（lean startup）的定義來檢視你的全通路顧客旅程，而新的顧客旅程就是你的「產品」。萊斯在2011年出版的《精實創業》（*The Lean Startup*）中倡導一種「建造→測試→學習」（build, measure, learn）的迭代流程，它讓公司得以快速推進，並能觀察出可行與不可行的方案。[14]當你在一個既有企業中推出全通路方法時，你將會利用既有知識並分析既有資料，因此你可以稍加修改萊斯的這個迭代流程，變成「學習→建造→測試」（learn, build, measure）。

傳統的精實創業「建造」階段並不止於在平台上編程，還必須對「史詩」注入它們對於平台團隊、行銷團隊與直接服務顧客的人員（客服部門和實體商店店員）的含義。例如：平台團隊需要發展哪些新特色（所謂的「用戶故事」），發展順序如何？你需要開發與配置什麼內容？未來誰必須執行什麼工

作？你如何確保他們具備執行這些工作所需要的技能？

公司該發展新技能，還是找代理商？

由公司自行發展全通路需要的所有技能，無論是藉由招募新員工或訓練現有員工，對人力資源部門而言都是相當吃重的工作。建立新平台時，你可能暫時需要具備這些職能的人力，然而一旦進入營運階段，這個需求就會減少。對於這類專案，你可以考慮使用代理商和外部的系統整合商支援，將全職人員的數量維持在最低水準。不過，如果你的公司足以負擔在內部建立一整個開發部門，由於你的開發人員熟知現有的解決方案，因此你便能以更短的時間在市場上推出新行動和解決方案。

你也會需要其他的專業能力，尤其是在資料分析與建立自動化行銷系統方面。如果你的組織規模較小，你應該考慮是否能在內部為每項專門技能建立一個專業環境，否則你會花很多錢雇用一名專業人員，但這位專業人員很快會覺得孤獨，並在尚未創造任何實質成果前離去。如果你的組織無法為任何專門技能創造一個專業環境，那你就該尋求外面的專業支援，不要自行招募全職人員。

結合一切條件，形成一個協調連貫的顧客體驗

將部分全通路資產與平台的建立工作外包可能便利省事，而且很吸引人，但切記，公司仍必須建立並擁有足夠的技能來結合每個平台與行動方案，形成協調連貫的顧客體驗。你不應該將協調與安排優先要務的工作外包出去，如果你想成為一個真正以顧客為中心的公司，你就不能把以顧客為中心的工作外包。

如果你和多個代理商合作各種通路與解決方案，那麼這項協調治理的工作尤其顯得重要，你會需要具備高度的策略概觀，也需要進行專案管理，以確保整合各種解決方案，並確認各方在創造全方位的顧客體驗上都做出有益的貢獻。如果你的外包對象是一個全包服務的代理商，那麼這項協調治理工作的重要性就不高，但是，一般而言，你將會購買個別通路的專業服務。無論是什麼情形，全通路六邊形模型在這方面都是實用的工具。

組織與管理的成熟度

圖 6.3 摘要組織與管理這項修練領域的各種成熟度。

圖6.3　組織與管理的成熟度面貌

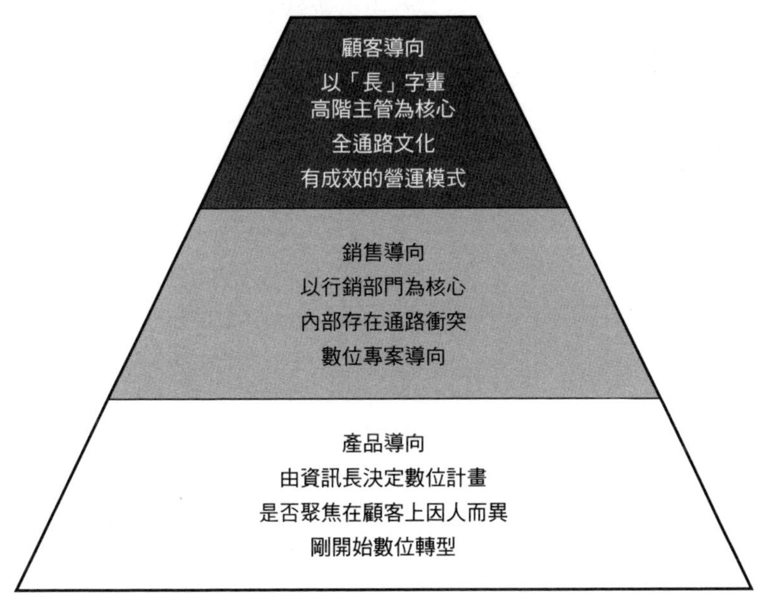

最高水準

達到最高水準的全通路公司，執行長會支持顧客導向，但會有一位直屬的高階主管（例如行銷長、商務長或其他「長」字輩高階主管）專責創造全通路顧客體驗的工作。這些公司的各個部門能順暢無阻的通力合作，所有部門都了解自身的角色，也知道必須做出的貢獻，並且會透過它們的獎勵制度激勵部門員工實際達成目標。它們是以全球在地化來處理地區市場，中央統籌的規模化和適應當地需求與文化的在地化同時並行。它們也擁有全通路文化，顧客至上的心態在所有部門普及，並藉由一套全通路營運模式來維持全通路文化，同時聚焦在持續建立和維持全通路技能，至於技能的建立則是在內部自行發展和外包之間求取最有成效的平衡。

中等水準

全通路成熟度達到中等水準的公司，對市場採取銷售導向，而且只有在行銷和銷售部門才會發現真正聚焦在顧客上，這些部門雖然也會推行顧客導向的專案，但僅僅有限的整合至事業其他部分。這些公司通常會有一個數位能力中心，用以匯集數位知識與能力。行銷部門和IT部門之間的合作亦快速增加，但尚未進行組織與獎勵制度的根本調整與改變。

最低水準

全通路成熟度達到最低水準的公司，主要聚焦在根據它們的技術知識來優化產品，至於真正的顧客導向則取決於個人行動。這些公司的發展指標主要是與優化並擴大規模去生產和銷售有關，以及維持整個品牌與形象。它們僅僅有限的使用和顧客有關的數位技能，IT部門則是這些數位科技的守門人，致力於確保製造部門和銷售部門的商業系統順暢運作與更新，但沒有誘因幫助行銷部門。

你可以掃描以下條碼連結至網站上接受我們以全通路六邊形模型設計的測驗，評估公司執行全通路的水準（英文）：

OMNICHANNELFORBUSINESS.ORG

結語

最徹底落實全通路的組織，除了持續擴增與它們有活躍互動的顧客資料庫，也會在多種通路中主動辨識顧客，並與顧客溝通。它們整合來自多種源頭的顧客資料，並擁有每一位顧客提供的資料、行為資料與情緒資料，行銷部門則透過整合的顧客檔案來取得這些資料。它們持續使用人工智慧和預測性分析，從顧客資料中汲取總體層級和個人層級的洞察，預測模型則持續研判針對每一位顧客的下一步最佳行動，這些洞察直接結合溝通行動和服務，再加上產品，便構成顧客體驗。這些組織利用資料，讓它們在任何可能的情況下提供客製化的溝通與服務，並致力於透過在所有通路的創意行銷活動與自動化溝通中，使用少而可能取得的資源，盡可能創造更多協調連貫且無縫接軌的顧客旅程。它們使用顧客面指標來評量全通路績效，以求取得與鞏固許多具獲利效益的顧客關係。而為了實現這一切，這些組織都圍繞著全通路來組織與管理，同時也調整部門架構與獎勵制度，朝向以顧客為中心發展。

讀完這本書後，你可能已經認真思考與檢視你的公司在每項修練的表現與成熟水準，如果你還沒這麼做，我們建議你花20分鐘做全通路基準比較工具中的問卷調查（參見每項修練最後的連結條碼），藉此深入了解公司在各項修練領域的成熟度，同時也與你的競爭者互相比較。

這個基準比較工具把公司的全通路成熟度分為四種類型（製造商、科學家、銷售人員、值得信賴的顧問），你的問卷回答將能顯示出你的公司目前屬於哪一類，你也可以在基準比較工具中找到如何在目前的基礎上謀求更進一步的詳細資訊。例如：你的組織目前是像「銷售人員」類型，抑或更像「科學家」類型？你接下來的最佳行動會是什麼？

除非你的組織才剛開始嘗試與摸索全通路，否則「組織與管理」可能會是最阻礙你往前推進的修練領域，這意味的是，你會需要其他部門的協助。基於全通路無所不包的性質，你無法獨自加以推行，而為了促使更多人加入你的行列，我們高度建議你邀請同事也做基準比較工具中的問卷調查，這將有助於啟動你們的交談，並在組織中傳播全通路的相關知識。

在你登入這項線上的基準比較工具後，你便能取得一個個人的連結，你可以和同事分享這個連結，如此一來，你就能在相同帳戶中看到他們問卷調查的作答。藉由這種做法，你們就能拿答案來和業界標竿互相比較，也能十分容易看出你們內部對於哪些現狀抱有相同或不同的看法。

全通路之後？

最先出現的是多通路，繼而出現了跨通路，現在大家談論的則是全通路。在外行人眼中可能會認為這一切就像新瓶裝老酒，酒幾乎沒變，只是更改標籤。因此，你大概會問：所以，接下來又會出現什麼？全通路這個概念能一直存活下去嗎？

「全通路」這個詞具有難以超越的優點，畢竟有什麼比「全部」（omni）還大？不過，有可能10年後不再使用「全通路」這個名詞。然而，儘管難以預料未來的「標籤」，我們仍有把握「全通路」這種更適當、更適時的顧客溝通模式不會突然退流行，如此看來，在瓶子上貼什麼標籤就不是那麼重要。

我們衷心希望你喜歡這本書，也相當期望能聽到你在使用全通路六邊形模型和基準比較工具後的回饋意見。

拉斯穆斯．賀林與科林．謝爾

2019年

注釋

前言：朝全通路轉型的六項修練

1. 在網路上與電子商務與數位行銷有關的部落格中，經常辯論與提及諾斯壯採行的全通路相關技術，例如：Rachel Arthur，"Why Nordstrom's Latest Customer Experience Tool is all About Convenience" (Forbes)，2017年8月24日 最後更新，https://www.forbes.com/sites/rachelarthur/2017/08/24/nordstrom-tech-customer-experience-convenience/#282d9134531d; Shea Marie Frates, "I Tried Nordstrom's Style Boards" (SheaMarieFrates)，2018年2月13日最後更新，https://www.sheamariefrates.com/i-tried-nordstroms-style-boards; Cameron Proffitt, "4 Perks of Nordstrom Curbside Pickup" (CameronProffitt)，2018年2月28日最後更新，https://www.cameronproffitt.com/nordstrom-curbside-pickup; and Stephan Serrano, "17 Omnichannel Strategies and Tactics Breakdown" (Barilliance)，2018年3月19日最後更新，https://www.barilliance.com/omnichannelmarketing-case-study。
2. "Nordstrom Investor Day 2018" (Nordstrom)，2019年1月21日查閱，https://investor.nordstrom.com/events/event-details/nordstrom-investor-day-2018.
3. Emma Sopadjieva, Utpal M. Dholakia and Beth Benjamin, "A Study of 46,000 Shoppers Shows That Omnichannel Re-

tailing Works" (*Harvard Business Review*)，2017年1月3日最後更新，https://hbr.org/2017/01/a-study-of-46000-shoppersshows-that-omnichannel-retailing-works.

4. Mark Abraham, Steve Mitchelmore, Sean Collins et al., "Profiting from Personalization" (Boston Consulting Group), 2017年5月8日最後更新，https://www.bcg.com/publications/2017/retail-marketing-sales-profiting-personalization.aspx.
5. Mark Abraham, Steve Mitchelmore, Sean Collins et al., "Profiting from Personalization" (Boston Consulting Group), 2017年5月8日最後更新，https://www.bcg.com/publications/2017/retail-marketing-sales-profiting-personalization.aspx.
6. Mark Hook, "Study: 87% of Retailers Agree Omnichannel Is Critical to Their Business, Yet Only 8% Have 'Mastered' It" (Brightpearl), 2017年12月15日最後更新，https://www.brightpearl.com/company/press-and-media-1/2017/12/15/study-87-of-retailers-agree-omnichannel-is-critical-to-their-business-yet-only-8-have-mastered-it.
7. Jim Blasingame, "It's the Age of the Customer–Are You Ready?" (Forbes)，2014年1月27日最後更新，https://www.forbes.com/sites/jimblasingame/2014/01/27/its-the-age-of-the-customer-are-you-ready/#635d1428119a.
8. Simon Eaves, Sohel Aziz, Larry Thomas, Søren Kristensen and Shantel Moses, *Marketing in the New* (Accenture, 2016), 2019年1月19日查閱，https://www.accenture.com/us-en/_acnmedia/Accenture/next-gen-4/future-of-marketing/Accenture-Marketing-In-The-New-January-2017.pdf.
9. Don Peppers and Martha Rogers, *The One-to-One Future* (London: Piatkus, 1993).

10. Jim Blasingame, *The Age of the Customer* (SBN Books, 2014).
11. 關於付費媒體（paid media）、自有媒體（owned media）和贏得媒體（earned media）的更多討論，參見第四項修練。

第一項修練：辨識顧客並取得行銷許可

1. 此故事靈感來自和永恆印記資深行銷經理Harlen Xing的直接交談，並獲准撰寫。
2. 例如，參見北歐零售商VITA的顧客關係管理暨全通路經理艾爾夫．強達爾（Alf Jondahl）在全通路行銷技術公司愛吉利（Agillic）舉辦的2018年峰會上的演講：https://vimeo.com/274392959 go to 16:09。
3. "2017 Q4 Quarterly Report" (Nordstrom, 2017)，2019年1月21日查閱，https://press.nordstrom.com/financial-information/quarterly-results.
4. Tony Fontana, "DSW's Omnichannel Transformation" (National Retail Federation)，2016年8月10日最後更新，https://nrf.com/blog/dsws-omnichannel-transformation.
5. 例如，參見：www.utopia.ai。
6. Associated Press, "Check-In with Facial Recognition Now Possible in Shanghai" (VOA News)，2018年10月16日最後更新，https://www.voanews.com/a/check-inwith-facial-recognition-now-possible-in-shanghai/4615792.html.
7. Bien Perez, "Shanghai Metro Gets Tech Upgrade from Alibaba" (South China Morning Post)，2017年12月6日最後更新，https://www.scmp.com/tech/enterprises/article/2123014/shanghai-subway-use-alibaba-voice-and-facial-recognition-systems-ai.

8. OMD and Insights Group, OMDReview, March 2014.這份研究報告並不公開，但浩騰媒體的策略總監克勞斯·安德森（Claus Andersen）在丹麥行銷協會的網站上撰寫的一篇文章中引用這項調查研究結果。Christian W. Larsen, Den Dag Aida Døde, https://markedsforing.dk/artikler/pr-kommunikation/den-dag-aida-d-de, Markedsføring.dk, 16 January 2014. 2019年1月查閱。
9. *Response Rate 2012 Report* (DMA, 2012)，2019年1月19日查閱，http://www.marketingedge.org/sites/default/files/ProfessorsAcademy/2012-Response-Rate-Report-(Final).pdf.
10. 例如，透過企業徵信服務公司益博睿（Experian）購買，參見：www.experian.com。
11. 全通路解決方案公司COMAPI（先前為丹麥籍公司）指出，簡訊開啟率高達98%，而90%的簡訊會在前三秒內被閱讀。參見：*Big Data: Profiling Your Customers, Mobile Intelligence Review – Edition 2* (COMAPI, 2014)。
12. "2017 Q4 Quarterly Report" (Nordstrom, 2017)，2019年1月21日查閱，https://press.nordstrom.com/financial-information/quarterly-results.
13. 參見：http://Nordstrom.com。

第二項修練：蒐集資料

1. Barb Darrow, "LinkedIn Claims Half a Billion Users" (Fortune)，2017年4月24日最後更新，http://fortune.com/2017/04/24/linkedin-users.
2. "Nike Privacy Policy" (Nike)，2018年5月18日最後更新，https://swoo.sh/2pOfhb8.

3. Nicole Giannopoulos, “Burberry Drives Revenue and Loyalty with iPads” (RISNews)，2013年11月18日最後更新，https://risnews.com/burberry-drives-revenue-and-loyalty-ipads.

第三項修練：資料分析與人工智慧

1. “Case Study: Cablecom Reduces Churn with the Help of Predictive Analytics” (tdwi)，2017年10月18日 最 後 更新，https://tdwi.org/articles/2007/10/18/casestudy-cablecom-reduces-churn-with-the-help-of-predictive-analytics.aspx.
2. Thomas H. Davenport and D. J. Patil, “Data Scientist: The Sexiest Job of the 21st Century” (*Harvard Business Review*), 2012年10月最後更新，https://hbr.org/2012/10/data-scientist-the-sexiest-job-of-the-21st-century.
3. “Banco Itaú Argentina: Optimizing Customer Cross-Selling and Acquisition Strategies with Predictive Analytics” (IBM)，2010年11月18日最後更新，https://www-07.ibm.com/sg/clientstories/cases/banco_itau_argentina.html?id.
4. 參見：http://www.thenorthface.com/xps。

第四項修練：溝通與服務

1. 參見：Laura Beaudin and Francine Gierak, *It's About Time: Why Your Marketing May Be Falling Short* (Bain & Company, 2018) 2019年1月19日查閱，https://services.google.com/fh/files/misc/report-bain-marketing.pdf。

2. David Moth, “15 Stats That Show Why Click-And-Collect Is So Important For Retailers” (econsultancy)，2013年11月18日最後更新，https://econsultancy.com/15-stats-that-show-why-click-and-collect-is-so-important-for-retailers.
3. Joe Keenan (interviewer), “Inside Suitsupply’s Omnichannel Approach” (Total Retail) 2019年1月19日查閱，https://www.mytotalretail.com/video/single/inside-suitsupplys-omnichannel-approach.
4. Greta J, “Amazon AI Designed to Create Phone Cases Terribly Malfunctions” (BoredPanda)，2019年1月19日查閱，https://www.boredpanda.com/funny-amazon-ai-designed-phone-cases-fail.
5. Sophia Bernazzani, “The Decline of Organic Facebook Reach & How to Adjust to the Algorithm” (Hubspot) 2018年5月3日最後更新，https://blog.hubspot.com/marketing/facebook-organic-reach-declining. 在這篇文章中，作者Bernazzani引用多項研究的發現，其中2014年的兩項研究分別指出這個比例只有6.5%和2%。Bernazzani指出，2014年以後，自然搜尋這個比例更加降低。

第五項修練：績效分析

1. Samuel M. McClure, Jian Li, Damon Tomlin, Kim S. Cypert, Latané M. Montague and P. Read Montague, “Neural Correlates of Behavioral Preference for Culturally Familiar Drinks,” *Neuron* 44 (2004): 379-387.
2. Daniel Kahneman, *Thinking, Fast and Slow* (London: Allen Lane, 2011).
3. Stuart Lauchlan, “The Integration Imperative at Nordstrom–

Striking the Omni-Channel Balance" (Diginomica)，2018年3月5日最後更新，https://diginomica.com/2018/03/05/integration-imperative-nordstrom-striking-omni-channel-balance; "Nordstrom (JWN) Q4 2017 Results–Earnings Call Transcript" (SeekingAlpha)，2018年3月1日 最後更新，https://seekingalpha.com/article/4152608-nordstrom-jwn-q4-2017-results-earnings-call-transcript?part=single.

4. Paul W. Farris, Neil T. Bendle, Phillip E. Pfeifer and David J. Reibstein, *Marketing Metrics* (US: Pearson Education, 2015).
5. Fred Reichheld, *The Ultimate Question* (Boston: Harvard Business School Publishing, 2006).
6. "Customer Lifetime Value to Customer Acquisition Ratio (CLV:CAC)" (Klipfolio)，2019年1月19日查閱，https://www.klipfolio.com/resources/kpi-examples/saas-metrics/customer-lifetime-value-to-customer-acquisition-ratio.
7. 在諾斯壯的報告中，每平方英尺銷售額是稱為「每平方英尺消費額」（comps per square foot）。"Nordstrom Inc. 2017 Q4 - Results - Earnings Call Slides" (SeekingAlpha)，2018年2月25日最後更新，https://seekingalpha.com/article/4152607-nordstrom-inc-2017-q4-results-earnings-call-slides.
8. 例如，參見：https://www.marketingteacher.com/boston-matrix/。
9. Fred Reichheld, *The Ultimate Question* (Boston: Harvard Business School Publishing, 2006).

第六項修練：組織與管理

1. 這段故事的靈感來自：Brian Honigman, "How Sephora Integrates Retail & Digital Marketing" (WBR Insights)，2018年6月27日最後更新，https://etailwest.wbresearch.com/how-sephora-integrates-retail-online-marketing; Sephora Teardown, "How Sephora Built a Beauty Empire to Survive the Retail Apocalypse" (CB Insights)，2019年1月19日查閱，https://www.cbinsights.com/research/report/sephora-teardown; "Sephora Visual Artist–Powered by ModiFace" (Vimeo)，2018年最後更新，https://vimeo.com/220504292; and "We Are Sephora" (Sephora Employee Community Site)，2019年1月25日查閱，www.wearesephora.com。
2. John P. Kotter, *Leading Change* (Boston, MA: Harvard Business Publishing, 2012).
3. *Rethink the Role of the CMO* (Forrester, 2018)，2019年1月19日查閱，https://www.accenture.com/t20181002T182512Z__w__/us-en/_acnmedia/PDF-87/Accenture-Rethink-the-role-of-the-CMO.pdf.
4. Mark Abraham, Steve Mitchelmore, Sean Collins, Jeff Maness, Mark Kistulinec, Shervin Khodabandeh, Daniel Hoenig and Jody Visse, "Profiting from Personalization" (Boston Consulting Group)，2017年5月8日最後更新，https://www.bcg.com/publications/2017/retail-marketing-sales-profiting-personalization.aspx.
5. Hilary Milnes, "Why Sephora Merged Its Digital and Physical Retail Teams into One Department" (Glossy)，2018年4月6日最後更新，https://www.glossy.co/new-face-of-beauty/why-sephora-merged-its-digital-and-physical-retail-

teams-intoone-department.

6. Emma Sopadjieva, Utpal M. Dholakia and Beth Benjamin, "A Study of 46,000 Shoppers Shows that Omnichannel Retailing Works" (*Harvard Business Review*)，2017年1月3日最後更新，https://hbr.org/2017/01/a-study-of-46000-shoppersshows-that-omnichannel-retailing-works.
7. JDA and Centiro, *JDA & Centiro Customer Pulse 2017: European Comparison* (JDA, 2017)，2019年1月19日查閱，http://now.jda.com/rs/366-TWM-779/images/Customer%20Pulse%202017%20European%20Comparison.pdf.
8. Herbert Lui, "10 Best Omni-Channel Retailers and What You Can Learn from Them" (Shopify)，2017年8月11日最後更新，https://www.shopify.com/enterprise/10-best-omni-channel-retailers-and-what-you-can-learn-from-them.
9. Homa Zaryouni, "Williams Sonoma: A 20-Year Head Start in Omnichannel" (GartnerL2)，2015年7月7日最後更新，https://www.l2inc.com/daily-insights/williams-sonoma-a-20-year-head-start-in-omnichannel.
10. Terrence E. Deal and Allan A. Kennedy, *Corporate Cultures* (Cambridge: Perseus, 2000).
11. Ruth Umoh, "Jeff Bezos: When You Find A Business Opportunity With These Traits, 'Don't Just Swipe Right, Get Married'" (*CNBC*)，2018年9月14日最後更新，https://www.cnbc.com/2018/09/13/amazon-jeff-bezos-4-traits-a-good-business-opportunity-should-have.html.
12. Terrence E. Deal and Allan A. Kennedy, *Corporate Cultures* (Cambridge: Perseus, 2000).
13. 參見：www.wearesephora.com。
14. Eric Ries, *The Lean Startup* (London: Portfolio Penguin, 2011).

致謝

著名科學家牛頓曾說：「如果我能看得更遠，那是因為我站在巨人的肩膀上。」將這句話用在本書上也十分貼切，因為寫完本書和全通路六邊形模型的發展絕不能完全歸功於兩位作者。這個全通路架構和本書的問市受到太多人協助，我們必須在此表達感謝。我們獲得組織誘因模型和人工智慧這兩個不同領域的專業人士協助，沒有你們，本書和全通路六邊形模型不可能變得如我們所願般牢靠。

首先感謝幾年前參與本書第一個版本研究過程的近六十人，我們不在此一一唱名，你們知道你們是誰，感謝你們！我們也要大聲感謝第一版的讀者，謝謝你們閱讀、評論與討論，並參與論壇、演講會與研習營，也謝謝你們在自己的事業與客戶的事業中使用全通路基準比較工具。

其次，感謝幫助我們精修與更新全通路六邊形模型為國際企業心態的所有人：The North Face的Ian Dewar；樂高公司的Arek Zakonek與Berend Sikkenga；永恆印記公司的Harlen Xing；bol.com的Justin Sandee；Storytel的Martin Jonassen；艾波比電氣公司（ABB Electric）的Monique Elliot；EchoChamber.com的Matthew Brown；丹麥麥塔斯連鎖藥房

（Matas）的Stefan Kirkedal；瑞典友誼之家（House of Friends）的Mattias Andersson；挪威電信公司（現更名為Ørsted）的Rasmus Riddersholm；網路生活（Netlife）的Arild Horsberg；顧客關係管理服務供應商Responsive A/S的Peter Schlegel；作家Christina Bouttrup；網路花店Interflora的Zvi Goldstein；治理評量顧問公司（Governance Reviews）的Puni Rajah；迪士尼公司的Gunjan Bhow。

感謝網路商業倡議組織的團隊，尤其是執行長Jan Futtrup Kjær，謝謝你們長期與我們合作全通路基準比較工具，也感謝哥本哈根的丹麥商會看出全通路基準比較工具的潛力並付諸實務應用。感謝網路商業倡議組織的Carsten Johansen堅定牢靠的協助更新基準比較工具中的問卷調查架構，使其變成對世界各地組織更有幫助的工具。

萬分感謝我們在行銷技術公司愛吉利（Agillic）的同事，與芬蘭的休士頓分析公司（Houston Analytics）的資料科學家。感謝Jesper Valentin Holm、Bo Sannung、Thomas Gaarde Andersen、Antti Syväniemi等人幫助我們更加深入了解全通路與資料分析，並在我們深陷全通路泥沼而禁不住遙望他處色彩繽紛的六邊形時為我們提供掩護協助。

在此也要感謝我們的出版商：感謝Niki Mullin耐心等待我們撰寫這本書，感謝Sara Taheri、Susan Furber與Hazel Bird的細心編輯與仁慈批評，你們使得本書更精練清晰也更簡明扼要。

最後，但同等重要的，感謝我們的家人、太太與孩子在我們繁忙而未盡理想的扮演丈夫與父親角色時展現的無比耐心。

財經企管 BCB697

AI 行銷學

為顧客量身訂做的全通路轉型策略

Make It All About Me: Leveraging Omnichannel and AI for Marketing Success

作者 — 拉斯穆斯．賀林 Rasmus Houlind、科林．謝爾 Colin Shearer
譯者 — 李芳齡

總編輯 — 吳佩穎
書系主編暨責任編輯 — 蘇鵬元
封面設計 — 倪旻鋒

出版者 — 遠見天下文化出版股份有限公司
創辦人 — 高希均、王力行
遠見．天下文化 事業群榮譽董事長 — 高希均
遠見．天下文化 事業群董事長 — 王力行
天下文化社長 — 林天來
國際事務開發部兼版權中心總監 — 潘欣
法律顧問 — 理律法律事務所陳長文律師
著作權顧問 — 魏啟翔律師
社址 — 台北市 104 松江路 93 巷 1 號
讀者服務專線 — 02-2662-0012 ｜傳真 — 02-2662-0007；02-2662-0009
電子信箱 — cwpc@cwgv.com.tw
郵政劃撥 — 1326703-6 號　遠見天下文化出版股份有限公司

國家圖書館出版品預行編目(CIP)資料

AI行銷學：為顧客量身訂做的全通路轉型策略 / 拉斯穆斯.賀林(Rasmus Houlind), 科林.謝爾(Colin Shearer)著；李芳齡譯. -- 第一版. -- 臺北市：遠見天下文化, 2020.09
320面；14.8x21公分. -- (財經企管；BCB697)
譯自：Make it all about me : leveraging omnichannel and AI for marketing success

ISBN 978-986-5535-64-3(平裝)

1.行銷學 2.人工智慧

496　　109012850

電腦排版 — 立全電腦印前排版有限公司
製版廠 — 東豪印刷事業有限公司
印刷廠 — 中康彩色印刷事業股份有限公司
裝訂廠 — 中原造像股份有限公司
出版登記 — 局版台業字第 2517 號
總經銷 — 大和書報圖書股份有限公司｜電話／ 02-8990-2588
出版日期 — 2020 年 09 月 30 日第一版第 1 次印行
2023 年 11 月 13 日第一版第 3 次印行

定 價 — NT 420 元
ISBN — 978-986-5535-64-3
書 號 — BCB697
天下文化官網 — bookzone.cwgv.com.tw

天下文化

BELIEVE IN READING